A HISTÓRIA DO
PLANETA TERRA

A HISTÓRIA DO
PLANETA TERRA

*Sua origem, evoluções e
condições para a criação da vida*

Anne Rooney

Dados de Catalogação na Publicação

ROONEY, Anne.
A História do Planeta Terra / Anne Rooney.
São Paulo – 2022 – M.Books do Brasil Editora Ltda.
ISBN: 978-65-5800-095-2

1. História   2. Planeta Terra

©2021 Arcturus Holdings Limited
©2022 M.Books do Brasil Editora Ltda.

Do original: The Story of Planet Earth
Publicado originalmente por Arcturus Publishing Limited

Editor: Milton Mira de Assumpção Filho
Tradução: Maria Beatriz de Medina
Produção editorial: Lucimara Leal
Revisão: Heloisa Spaulonsi Dionysia
Diagramação: 3Pontos Apoio Editorial Ltda.
Capa: Isadora Mira

M.Books do Brasil Editora Ltda.
Todos os direitos reservados.
Proibida a reprodução total ou parcial.
Os infratores serão punidos na forma da lei.

Sumário

Introdução: a Terra milagrosa   6

Capítulo 1   A partir do caos   8
A criação da matéria • Nuvens no horizonte • De disco a planetas • A matéria-prima da Terra • Em camadas • A formação da Lua • Equipe Terra

Capítulo 2   Há muito, muito tempo   26
No passado • A física entra em cena • Luz e sombra • Datação da crosta terrestre • As fatias do tempo • Tudo é relativo

Capítulo 3   Terra, ar e água   44
A atmosfera da Terra • A captura da atmosfera • Atmosfera feita em casa • De rocha a oceano • Questão candente • Tudo junto • Lá no fundo • Terra magnética • Ondas na rocha • Prontos!

Capítulo 4   Rochas antigas   70
No mundo inteiro • Diversos usos • Minérios e mineiros • Netunismo e plutonismo • Rochas de vida e morte • Corroídas

Capítulo 5   A Terra ativa   88
O calor trabalha • Terras em movimento • Continentes à deriva • Fogo dentro e fora • Criação das montanhas

Capítulo 6   A vida muda tudo   116
Início da vida • Desde o comecinho • Mudanças • Estufas e bolas de neve • Vidas velhas por novas • A vida se recupera • O folhelho Burgess

Capítulo 7   Terra viva   136
A ida para a terra • Criação do solo • Animal, vegetal, mineral • Nascido do chão • Em camadas • A evolução antes da evolução • Até que ponto a catástrofe é catastrófica? • Mundo em mudança

Capítulo 8   Os dias dos mortos   166
Peixápodes e tetrápodes • A Grande Morte • Eliminados • A descoberta dos dinossauros • A evolução: Darwin e os tentilhões • Dos dinossauros até hoje

Capítulo 9   Rumo ao antropoceno   188
Fora das florestas • A preamar da humanidade • O clima de ontem • Moldar o meio ambiente

Conclusão: Terra, uma obra em andamento   204

Índice   206

Introdução
A TERRA MILAGROSA

"Em cada promontório que avança, em cada praia que se encova, em cada grão de areia há uma história da Terra."

Rachel Carson,
"Our Ever-Changing Shore", 1958

Reportagens relativas ao estado do nosso planeta — as mudanças do seu clima, dos ecossistemas e da atmosfera — estão nos noticiários todos os dias. Com mais de 4,5 bilhões de anos de existência, a Terra, de aglomerado hostil e estéril de rocha quente que girava no espaço, se transformou num planeta temperado com água e solo, cheio de verde e apinhado de vida.

Os seres humanos estudam a história da Terra há centenas de anos. Às vezes impedidos por crenças sobrenaturais e más interpretações, agora chegamos a um bom entendimento do passado do planeta e de como ele se comporta. Hoje, o desafio é pôr esse conhecimento em uso e manter o planeta habitável para toda a vida que há nele.

Adapte-se ou morra

A vida na Terra sempre sobreviveu se adaptando à mudança das condições. Por sua vez, a vida também causou mudanças

O litoral rochoso de Rinca, na Indonésia, contorna baías quase circulares que revelam o histórico de antigo vulcanismo da ilha. Agora, o oceano inunda crateras vulcânicas pré-históricas.

do meio ambiente. Às vezes, a mudança das condições resultou no fim de formas de vida dominantes e na chegada de outras para ocupar seu lugar. A temperatura e o nível do mar subiram e desceram, montanhas cresceram e se desfizeram, mares se abriram e a terra se fechou de novo.

A história da Terra está escrita nas rochas sob os nossos pés. Mas, até que

A TERRA MILAGROSA

a procuramos, ela ficou oculta. A humanidade levou centenas de anos para ler uma parte dela, e ainda há muito a descobrir e aprender. Somos os primeiros seres da Terra a saber e entender o que nos precedeu, mas no tempo geológico só estamos aqui há um piscar de olhos.

Os seres humanos modernos evoluíram há apenas 200.000 anos. Se pensarmos na história da Terra como um relógio e no momento presente como a meia-noite, os seres humanos surgiram há alguns segundos. Se imaginarmos o relógio como um único ano, os vertebrados apareceram em 20 de novembro, os mamíferos em 13 de dezembro e os seres humanos modernos, às 23h36 de 31 de dezembro. A agricultura começou às 23h59 do mesmo dia, e a Revolução Industrial, um pouco depois de dois segundos para a meia-noite. Quem sabe o que o Ano Novo nos trará?

Um gráfico geológico que mostra eventos desde a formação da Terra há mais de 4,5 bilhões de anos até a evolução dos seres humanos.

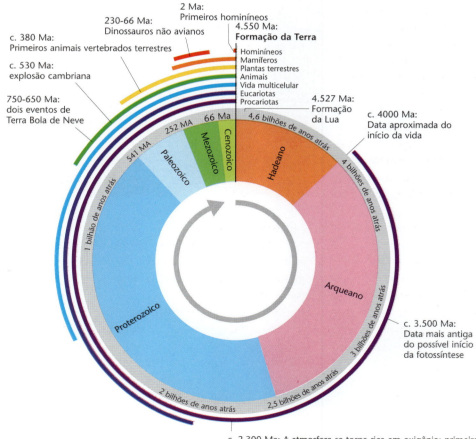

CAPÍTULO 1

A partir do CAOS

*"No princípio, como o Céu e a Terra
Ergueram-se do Caos."*
    John Milton, Paraíso perdido, Livro 1, 1674

Uma nuvem giratória de gás e poeira foi o berço do nosso planeta e dos seus companheiros. A história da Terra começa com as partículas espalhadas de centenas de estrelas destruídas, moldadas pela gravidade e pelo calor do Sol em formação. Mas precisamos recuar no tempo ainda mais do que os 4,57 bilhões de anos em que o sistema solar existe para ver de onde veio a matéria-prima da construção dos mundos.

Concepção artística de um disco giratório de gás e poeira em torno de uma estrela em formação.

A PARTIR DO CAOS

A criação da matéria

Incontáveis gerações de estrelas viveram e morreram antes que o Sol, a estrela da Terra, se formasse, e produziram os ingredientes para gerar todos os planetas do sistema solar. Cada átomo do nosso planeta e do nosso corpo foi forjado dentro de uma estrela morta há muito tempo ou em seu fim cataclísmico. A nossa conexão com o universo é íntima e eterna; nós, seres humanos, e tudo o que nos cerca, somos poeira de estrelas.

Os núcleos dos átomos de hidrogênio se formaram no primeiro segundo do universo. Poucos minutos depois, alguns se reuniram para formar núcleos de hélio, deutério (hidrogênio pesado) e lítio. Eles só conseguiram capturar elétrons para formar átomos mais de 380.000 anos depois, pois tiveram de esperar que o universo esfriasse consideravelmente. Quando isso aconteceu, os átomos de hidrogênio e hélio que se formaram foram a matéria-prima das futuras estrelas.

Ancestrais estrelados

As primeiras estrelas só se acenderam uns 100 milhões de anos depois do início do universo. Houve muitas gerações desde então, mas todas funcionaram mais ou menos da mesma maneira. Cada estrela funde hidrogênio em hélio durante quase toda a sua vida e libera energia no processo. Diz-se que ela está na "sequência principal" enquanto faz isso. Quando finalmente fica sem hidrogênio, a estrela começa a fundir hélio e fazer carbono. Então, o carbono é fundido para fazer oxigênio e outros elementos, e assim por diante, até a estrela fazer ferro (número atômico 26), o elemento mais pesado que pode ser formado no coração de uma estrela.

Se a estrela for relativamente pequena, sua vida termina aí. As camadas externas são lançadas no espaço, deixando um núcleo de ferro em brasa que esfriará no decorrer de trilhões de anos. No entanto, a vida de uma estrela grande termina com um evento bem espetacular chamado

A CRIAÇÃO DA MATÉRIA

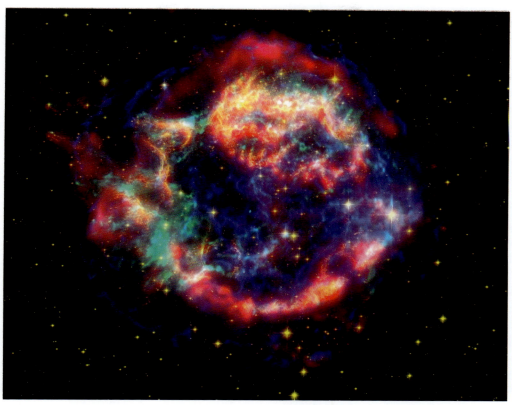

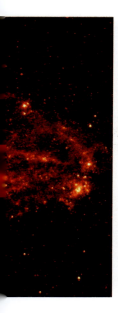

Acima: Imagem em falsa cor dos remanescentes de Cassiopeia A, a supernova mais jovem da nossa galáxia. Cassiopeia A forma uma nuvem de gás e poeira que se estende por anos-luz no espaço, levando consigo o material produzido na vida e na morte da estrela.

À esquerda: Vastas nuvens de poeira cósmica da galáxia de Andrômeda, reveladas por um telescópio infravermelho. Dessa poeira, novas estrelas e planetas podem se formar.

supernova. A estrela entra em colapso, sob gravidade imensa, e depois ricocheteia no próprio núcleo, explodindo seu material e espalhando-o pelo espaço. A imensa liberação de energia é suficiente para fundir até átomos de ferro, formando elementos químicos que vão até o mais pesado a ocorrer naturalmente, o urânio (número atômico 92). Toda essa mistura de elementos, mundanos e exóticos, é lançada no meio interestelar (a mistura de gás e poeira espalhada pelo espaço).

Quando o Sol estava se formando, o meio interestelar era um rico coquetel de todos os elementos ocorridos naturalmente, criados no coração das estrelas e no seu catastrófico falecimento.

A PARTIR DO CAOS

Nuvens no horizonte

O gás e a poeira de todas essas estrelas anteriores e os remanescentes dos gases primordiais da origem do universo não se distribuem de forma homogênea pelo espaço. A gravidade atua para atrair a matéria — até matéria tão minúscula quanto átomos de gás. Sempre que, por acaso, surge uma densidade maior de matéria, mais dela é atraída. Em todo o espaço, pendem vastas nuvens moleculares de gás e poeira, num equilíbrio que as impede de se dispersar e de se contrair. Se algo perturba esse equilíbrio, a construção de uma estrela pode começar.

Semeadura de um sistema solar

Há quase 4,6 bilhões de anos, algo – talvez uma estrela de passagem ou as ondas de choque de uma supernova próxima – perturbou a nuvem molecular de gás e poeira da qual se formou o sistema solar. No começo, acumularam-se bolsões de poeira e gás, formando áreas de densidade maior do que no restante da nuvem. Conforme cada área ganhava massa, sua gravidade aumentava, e ela atraía ainda mais matéria. Cada centro de massa estava a caminho de se tornar uma estrela. Uma delas era o Sol.

O processo aumentou, com a matéria cada vez mais próxima, que sofreu pressão crescente e esquentou ainda mais. Com a maior parte da massa no centro, o sistema começou a girar.

Uma estrela em formação atrai matéria, e a maior parte dela cai em seu corpo central giratório. Embora pelo menos 99,8% da massa de nossa nebulosa solar fosse atraída para o Sol, uma proporção minúscula ficou de fora, girando em torno dele no espaço. No decorrer de uns 100.000 anos, o que começou como uma vasta nuvem de gás e poeira se transformou num disco fino em torno da massa central — mais ou menos como o giro da bola de massa de pizza a transforma num disco plano.

O aumento da pressão elevou a temperatura até a bola de gás ficar tão quente que começou a brilhar, tornando-se uma protoestrela. E, quando atinge massa crítica, a protoestrela se contrai, provocando a fusão nuclear. A pressão no centro da estrela é tão grande que força os átomos de hidrogênio a se unirem, e começa a fusão de hélio. Todas as estrelas, inclusive o nosso Sol, se formam assim. Em cerca de 50 milhões de anos desde o início do colapso da nuvem, o Sol brotou para a vida como estrela da sequência principal, emitindo calor e luz no espaço.

Nuvens em colapso

Embora essa descoberta pareça muito moderna, algo parecido foi sugerido em 1734 pelo cientista e teólogo sueco Emanuel Swedenborg. Ele propôs que o Sol estava cercado de partículas magnéticas de natureza mais grosseira do que o próprio Sol e que elas giravam na mesma velocidade do "vórtice solar", no qual ele achava que o Sol existe e do qual tira sua energia. Por algum tipo de compressão, as partículas ficavam "mais grosseiras" e formavam uma casca sobre a superfície do Sol. Com o tempo, essa casca ia se afastando, tornando-se um "cinturão ou círculo amplo" em torno do Sol. Conforme se afastava, o cinturão se esticava até se romper. Os pedaços maiores se tornaram planetas, e os menores caíram, tornando-se as manchas solares (na época, acreditava-se que elas eram corpos se movendo na face do Sol).

NUVENS NO HORIZONTE

Swedenborg teve um intenso despertar espiritual que o levou a abandonar a ciência e nunca aprimorou seu modelo, mas em 1755 o filósofo e cientista alemão Immanuel Kant o desenvolveu como a hipótese nebular. Em *História geral da Natureza e teoria do Céu*, Kant descreveu nebulosas, ou nuvens de gás, que giravam, se encolhiam e se achatavam sob a influência da gravidade, formando finalmente estrelas e planetas numa sequência bem parecida com o modelo moderno. Ele sugeriu que as nebulosas visíveis na época pelo telescópio eram regiões de construção ativa de estrelas — o que é verdade.

Acima: "É como tentar construir um arranha-céu no meio de um tornado": foi assim que o astrônomo Henry Throop descreveu a tentativa de formar novas estrelas dentro de discos protoplanetários. As nuvens de pó aqui mostradas ficam na nebulosa de Órion.

A PARTIR DO CAOS

Em 1796, o nobre francês Pierre-Simon Laplace chegou de forma independente a uma formulação mais detalhada da hipótese nebular. Ele argumentou que o Sol originalmente era uma nuvem quente e gasosa que se estendia além do volume total do sistema solar atual e depois esfriou e se contraiu para formar uma nebulosa protossolar. Enquanto girava e se achatava, ela lançou anéis de gases, dos quais os planetas se condensaram.

No entanto, se a descrição de Laplace fosse exata, os planetas orbitariam o Sol mais devagar do que na realidade. O Sol tem a imensa maior parte da massa do sistema solar, mas só 1% do momento angular. O problema do momento angular foi demonstrado em 1900 pelo astrônomo Forest Moulton, e a teoria nebular foi desfavorecida na maior parte do século XX.

Em 1905, Moulton e o geólogo Thomas Chamberlin propuseram uma teoria para substituir a hipótese de Laplace. Eles sugeriram que uma estrela em movimento se aproximou o suficiente do Sol para puxar material em braços espiralados, ejetando-o. Depois que a estrela passou, o material que ficou girando em torno do Sol se condensou; parte formou pequenos planetesimais, parte protoplanetas maiores. Esses colidiram e se combinaram com o tempo, formando os planetas e suas luas. Os detritos que restaram se tornaram asteroides e cometas. Embora boa parte dessa teoria tenha sido superada por descobertas mais recentes, a ideia dos planetesimais sobreviveu na descrição moderna da gênese do sistema solar.

A forma atual da teoria nebular se chama modelo do disco nebular solar (SNDM, na sigla em inglês) e se originou no trabalho dos astrônomos soviéticos Viktor Safronov e Evgenia Ruskol. *A evolução da nuvem protoplanetária e a formação da Terra e dos planetas*, de Safronov, foi publicado em 1969 e traduzido para o inglês em 1972. Safronov e Ruskol perceberam que a velocidade dos planetesimais no disco mudava constantemente quando se aproximavam uns dos outros e seu campo gravitacional interagia para acelerá-los ou desacelerá-los. Quando ocorriam colisões, o resultado dependeria da velocidade dos corpos que colidiam. Se essa velocidade fosse tal que qualquer pedaço quebrado atingiria velocidade de escape, esses pedaços se perderiam. Caso se movessem devagar, os pedaços seriam puxados de volta, e o planetesimal obteria mais massa com colisões repetidas.

Mais ou menos na mesma época, o astrofísico canadense Alastair Cameron

---

MOMENTO ANGULAR

O momento angular de um sistema é dado pela fórmula mvR, em que m é a massa de um objeto que se move em órbita circular com raio R e velocidade v. No modelo de Laplace, todo o momento angular do sistema solar estaria originalmente presente no disco nebular, e agora a maior parte dele se concentraria no Sol. Para que isso desse certo, o Sol teria de girar muito mais depressa do que gira. (Uma rotação do Sol leva cerca de 25 dias.) Na verdade, a maior parte do momento angular do sistema solar está em Júpiter, Saturno, Urano e Netuno.

> **O GÊMEO MALVADO DO SOL**
> Vários astrônomos sugeriram que, a princípio, o Sol era metade de um sistema de estrelas gêmeas. Claramente, o gêmeo já se foi. No início do século XX, o astrônomo americano Henry Norris Russell disse que uma estrela de passagem atingira o gêmeo, espalhando detritos suficientes para formar os planetas. Na Grã-Bretanha, Raymond Lyttelton achou que o gêmeo foi levado pela estrela intrusa, largando material suficiente para formar os planetas, enquanto Fred Hoyle sugeriu que o gêmeo virou uma supernova e lançou seu material na vizinhança do Sol. O astrônomo holandês Gerard Kuiper argumentou que, na verdade, o protogêmeo nunca se formou como estrela e se transformou nos planetas.

trabalhava na distribuição de isótopos radioativos e o que eles revelam sobre o desenvolvimento do sistema solar. Em 1975, ele deu uma aula delineando a evolução do sistema solar, desde a formação do Sol com o colapso da nuvem de gás e poeira, a formação subsequente do disco protoplanetário e o crescimento dos planetas gasosos e rochosos a partir daí. Usando os dados de Safronov, Cameron desenvolveu modelos de computador que levaram, repetidas vezes, a um arranjo semelhante dos planetas interiores. Eles mostram a Terra e os outros planetas rochosos crescendo a partir de uma série de colisões entre protoplanetas grandes que giravam velozmente em torno do Sol. Esse modelo está no centro da teoria atual.

O trabalho do começo do século XXI refinou o modelo e acrescentou algumas coisas. Hoje se acredita que o gás e a poeira do disco nebular se condensaram num período de apenas dois ou três milhões de anos.

O astrônomo inglês James Jeans sugeriu, na década de 1920, que uma estrela imensa que se aproximou do jovem Sol atraiu um "filamento" de material em formato de charuto que acabou se rompendo. O material esfriou, se condensou e formou os planetas. O arranjo dos planetas, com Júpiter, o maior, no meio do sistema reflete o formato do filamento.

De disco a planetas

Até agora, só vimos sugestões bastante vagas sobre planetas que se condensam de uma nuvem de gás e poeira. A obra de Safronov foi importante porque, quando estava escrevendo, havia poucos trabalhos sólidos sobre a formação planetária. Havia duas abordagens amplas: os planetas se formaram a partir do mesmo material e ao mesmo tempo que o Sol ou se formaram separadamente e foram capturados pelo Sol. Safronov, que trabalhava num departamento com poucos recursos na União Soviética durante a Guerra Fria, era, por necessidade, um teórico. Os americanos seus contemporâneos usavam observações telescópicas de cometas e asteroides e estudavam a química dos meteoritos na tentativa de descobrir a formação da Terra e dos outros planetas.

Baseado apenas na matemática, Safronov partiu da premissa de que os planetas se formaram a partir de um disco elíptico de poeira, gelo e gás que orbitava o Sol, tudo no mesmo sentido. A Terra e os outros planetas rochosos nasceram de pequenas partículas que se aglomeraram, e então sua gravidade combinada atraiu cada vez mais material. Quando cresce, o aglomerado fica com atração gravitacional maior e assim coleta mais poeira e cresce mais. Um aglomerado maior também terá mais colisões do que um pequeno. Ele soltaria algumas partículas ou as arrancaria, é claro; outras, atrairia para si. Safronov trabalhou com a natureza da colisão entre partículas e descobriu que, embora as colisões rápidas resultassem em pedaços que ricocheteavam, desorganizavam seu caminho ou se quebravam, as colisões com menos energia levariam as partículas a aderir umas às outras em aglomerados. Aos poucos, alguns desses aglomerados crescem e formaram planetesimais, varrendo a matéria que se movia em sua órbita.

O processo de construção de planetas a partir de enxames de planetesimais foi modelado em 1986 pelo geofísico americano George Wetherill. A escala

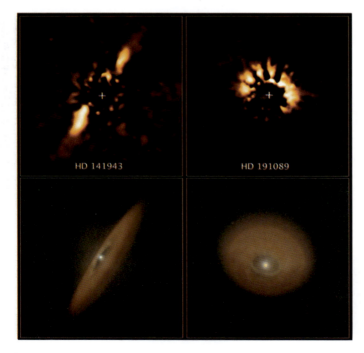

Discos de poeira em torno de estrelas em formação, vistas de lado (à esquerda) e por cima ou por baixo (à direita). As imagens superiores são fotos em infravermelho tiradas pelo Telescópio Espacial Hubble; as de baixo são visualizações desenhadas com base nas fotos.

DE DISCO A PLANETAS

COMO FAZER UM PLANETA	
1º Estágio: A poeira da nebulosa se instala num disco	Milhares de anos
2º Estágio: Poeira e gás formam aglomerações com até 1 km de diâmetro	< 1 milhão de anos
3º Estágio: Crescimento desenfreado até 1.000 km de diâmetro	Algumas centenas de milhares de anos
4º Estágio: Embriões de planetas crescem com colisões	10-50 milhões de anos

de tempo derivada por ele foi conferida no início do século XXI usando datação radiométrica. Isso dá uma idade de 11 milhões de anos para a Terra atingir 63% de sua massa final. Marte, por outro lado, provavelmente se formou em menos de um milhão de anos, chegando a seu tamanho final por acreção. Alguns núcleos planetesimais podem ter se formado em apenas 500.000 anos.

Embora tenham criado agregados virtuais de poeira com cerca de 1 cm de diâmetro, os cientistas que modelam esse processo de crescimento de planetas não conseguiram entender como um aglomerado de poeira cresce daí até 1 km de diâmetro.

A hipótese de Safronov só foi amplamente aceita no Ocidente na década de 1980. Outra contribuição, o modelo de Quioto, do Japão, também levou muito tempo para ser reconhecido. Desenvolvido por uma equipe de astrofísicos da Universidade de Quioto, ele apresenta o impacto do gás sobre o disco protoplanetário giratório, que cria arrasto e desacelera as partículas. Esse modelo permite que os cientistas descrevam a formação dos gigantes gasosos, que o modelo de Safronov tinha dificuldade de explicar.

Gás e rochas

A composição do planeta depende de onde ele se forma no disco protoplanetário. Os planetas rochosos se formam perto da estrela, pois os materiais de que são feitos se condensam em sólidos em temperatura relativamente alta. Os grandes planetas gasosos são feitos de material mais volátil que só podem se condensar em temperaturas muito inferiores, abaixo da chamada "linha de gelo" ou "de neve". A proximidade entre a Terra e o Sol é explicada pela sua composição de materiais principalmente não voláteis, em geral silicatos e ferro.

Crescendo juntos

A formação de uma estrela e de seus planetas pode acontecer simultaneamente.

A PARTIR DO CAOS

A estrela nascente vai de protoestrela ao tipo chamado estrela T-Tauri, que ainda não começou a fusão nuclear, e, finalmente, a estrela plena da sequência principal. A descoberta em 2010 de um planeta em formação em torno de uma estrela T-Tauri mostrou que os planetas podem começar a crescer enquanto a estrela ainda está se formando. A observação de discos de poeira em torno de outras estrelas contribuiu muito para o entendimento de como a Terra e os outros

Representação artística do início do sistema solar, com o Sol se formando como estrela cercada por um disco protoplanetário de planetas, rochas, poeira e gases.

CHOQUES COM COMETAS

O naturalista e matemático francês Georges-Louis Leclerc, conde de Buffon, deu uma nova explicação para a formação do sistema solar. Em 1749, ele sugeriu que cometas se chocaram com o Sol, fazendo pedaços saírem girando pelo espaço; estes, então, buscaram vida independente como planetas. Em 1796, Laplace mostrou que essa teoria não era viável e que qualquer planeta formado dessa maneira acabaria caindo de volta no Sol. Na verdade, os cometas são pequenos demais para ter algum efeito sobre o Sol, mesmo que todos se unissem para um ataque concentrado.

planetas do sistema solar provavelmente se formaram.

A matéria-prima da Terra

O disco nebular solar continha tudo de que a Terra foi feita. Durante muito tempo, o nosso único acesso a esse material foram os meteoritos — pedaços de rocha ou metal que caem do espaço. Isso mudou nos últimos cinquenta anos; agora podemos recolher material diretamente no espaço, inclusive de cometas e asteroides.

Essa ilustração de uma jovem estrela revela a estrutura complexa do disco protoplanetário, com anéis concêntricos de gás.

Sobras planetárias

Os meteoritos podem vir de outro corpo grande (como a Lua ou Marte) ou ser pedaços formados ao mesmo tempo que os planetas e que giram em torno do Sol sem alterações nos últimos 4,6 bilhões de anos. Cerca de 86% dos meteoritos são do tipo condrito. Eles se condensaram diretamente da nebulosa solar e, portanto, apresentam a matéria-prima primordial do sistema solar.

Os condritos são feitos de grãos de rocha e poeira, mas sua composição difere e reflete onde se formaram no sistema solar. Os que se formaram mais longe do Sol são ricos em substâncias que contêm carbono (como os carbonatos), óxidos e água. Os que se formaram mais perto do Sol, provavelmente mais perto do que a

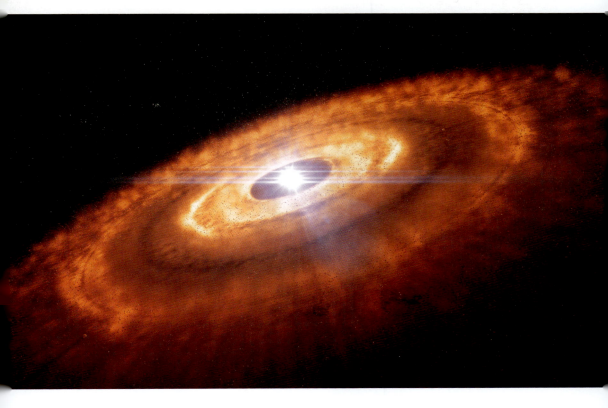

A PARTIR DO CAOS

órbita de Mercúrio, têm elevado teor de ferro.

Impressões digitais da poeira de estrelas

Os condritos consistem de côndrulos, minúsculos grãos esféricos embutidos em poeira, alguns com apenas alguns micrômetros (um milionésimo de metro) de diâmetro. Uma pequena proporção dos côndrulos é de grãos pré-solares – partículas minúsculas de matéria anterior ao Sol que vieram do espaço interestelar. Alguns grãos pré-solares contêm poeira de estrelas – a matéria originalmente expulsa das estrelas ou supernovas sob a forma de vapor, que depois se condensou no espaço. Elas incluem nanodiamantes, partículas de grafite e silicatos. Pelo menos em teoria, os grãos de poeira de estrela podem ser rastreados até uma estrela específica.

Em camadas

Os meteoritos que revelam a matéria-prima da qual a Terra se formou são os mesmos de uma ponta a outra. O mesmo não acontece com a Terra, que tem camadas. Em algum momento, a grande coletânea de planetesimais se transformou num só corpo e se diferenciou. O segredo de como aconteceu é o calor.

A parte mais leve da Terra é sua atmosfera, a capa de gases acima da superfície. A camada relativamente fina que habitamos é uma crosta dura e rochosa que suporta as massas terrestres continentais

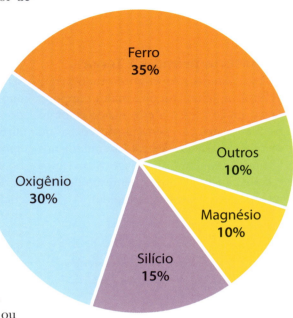

Composição química aproximada da Terra, por massa.

e os oceanos. Embaixo, há uma camada espessa de rocha quentíssima, semilíquida em alguns lugares, chamada manto. A crosta flutua em cima dele. A parte mais pesada é o núcleo, feito de ferro. O núcleo de ferro não se formou primeiro; ele se acumulou a partir de material que já havia no planeta, depois que ele coalesceu. Os geocientistas têm duas explicações possíveis para a diferenciação entre o núcleo da Terra e a rocha.

Conforme a Terra crescia, a pressão no centro aumentava, elevando a temperatura. O decaimento radioativo contribuiu para o aquecimento, e a atmosfera circundante prendeu o calor, de modo que a temperatura continuou a subir. Quando ficou alta a ponto de derreter a coleção de silicatos

EM CAMADAS

e partículas de metal coletados, o material metálico mais pesado gravitou para dentro, e os silicatos o cercaram. Quando esfriou, o planeta ficou com um núcleo metálico e um exterior rochoso.

Outra teoria sugere que, quando a temperatura estava um pouco mais baixa, com o metal ainda derretido mas a rocha já solidificada, o ferro líquido percolou pela rocha e formou o núcleo.

Em 2013, Wendy Mao fez um experimento em Stanford, nos EUA, para emular as condições do início da Terra.

Ela submeteu porções minúsculas de silicato e ferro às pressões e temperaturas presentes nos primeiros dias do planeta: 64.000 vezes a pressão atmosférica e 3.300 Kelvin, cerca de 3.027 °C. A tomografia das partículas mostrou que o ferro derretido formou uma rede interconectada que poderia percolar até o núcleo, a partir de áreas do início da Terra em que as condições fossem adequadas.

É possível que os dois mecanismos tenham acontecido, contribuindo para um núcleo rico em ferro quando a Terra esta-

Muitos asteroides e cometas, como o cometa 67P/Churyumov-Gerasimenko aqui mostrado, são "pilhas de escombros", coleções de pedaços unidos pela gravidade. Ao contrário da Terra, não se tornaram quentes a ponto de derreter e se reconfigurar como um único pedaço sólido (um monolito).

A PARTIR DO CAOS

va inteiramente derretida e depois que começou a se solidificar.

A formação da Lua

A Terra não viaja sozinha pelo espaço; ela tem uma companheira, a nossa Lua. A Lua sempre foi visível aos seres humanos, e seus movimentos foram acompanhados até na época pré-histórica, como sabemos pela sobrevivência de artefatos e monumentos que servem de calendário lunar. Embora algumas culturas tivessem mitos sobre a criação da Lua e da Terra, até o século XIX havia pouca ou nenhuma hipótese científica sobre como ela se formou.

Deixando de lado a possibilidade de que tenha sido criada por algum tipo de deus, houve quatro modelos teóricos para a formação da Lua: um pedaço da Terra se soltou; a Terra e a Lua se formaram ao mesmo tempo; a Terra capturou uma Lua pré-formada; a Terra sofreu uma colisão com alguma coisa e a Lua se formou em consequência.

A primeira ideia de que a Terra se partiu e formou a Lua foi proposta em 1879 por George Darwin, filho do famoso Charles. Hoje, é a chamada teoria da fissão. George Darwin sugeriu que a Terra girava muito mais depressa do que antes se pensava e que a atração gravitacional do Sol no Equador, somada à força centrífuga, foi suficiente para deformar a Terra para fora. Um pedaço dela se soltou e formou a Lua. O Oceano Pacífico parecia uma provável cicatriz deixada por essa lesão do planeta (ideia proposta em 1889 pelo geólogo inglês Osmond Fisher). Fisher era um geólogo talentoso e presciente, mas nesse caso estava errado.

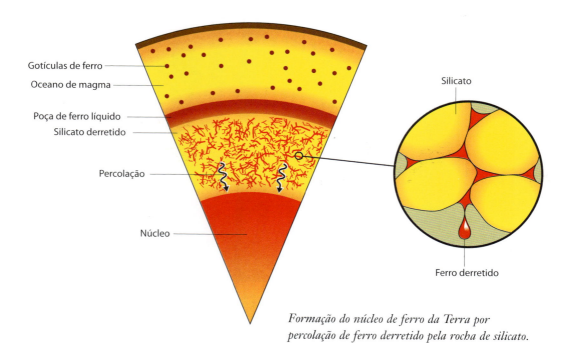

Formação do núcleo de ferro da Terra por percolação de ferro derretido pela rocha de silicato.

A teoria de George Darwin recebeu apoio até o início do século XX, quando a matemática a alcançou. Em 1909, Moulton demonstrou que o momento angular da época não seria suficiente para favorecer a expulsão de um satélite. Em 1929, James Jeans demonstrou que a jovem Terra teria de girar tão depressa para lançar uma lua que seus dias só teriam duas horas e 39 minutos de duração. Seria difícil passar de menos de três horas à atual extensão diurna de 24 horas, mesmo em bilhões de anos. Na década de 1960, o período inicial de rotação da Terra foi fixado em 10 a 15 horas, lento demais para a fissão.

Até meados do século XX, vários geólogos aprimoraram aspectos desse modelo para torná-lo mais factível. Numa versão posterior, a Lua, quando escapou da Terra, tinha nove ou dez vezes a massa atual, mas tão quente que boa parte dela se vaporizou. Outra explicação é que havia uma nuvem de detritos rochosos em torno da Terra; parte dessa matéria foi recapturada pelo planeta e o resto escapou do sistema.

Pedacinhos

O segundo modelo descreve a Lua e a Terra se formando ao mesmo tempo pelo mesmo método: acreção do disco nebular. No entanto, se a Lua e a Terra se formaram à mesma distância do Sol ao mesmo tempo, esperaríamos que fossem ainda mais parecidas do que são.

O terceiro modelo postulava que a Lua não se formou diretamente na órbita da Terra, mas em outro ponto do sistema solar. Mais tarde, foi capturada pela órbita da Terra. Muitas luas dos gigantes gasosos foram capturadas e não formadas *in situ*, mas são muito menores do que o satélite da Terra.

Tudo mudou na década de 1960. As primeiras fotos do lado escuro da Lua, enviadas pela espaçonave soviética Luna 3 em 1959, mostraram que ele era muito diferente do lado voltado para a Terra. Em seguida, os pousos na Lua do projeto Apollo trouxeram mais dados sobre sua superfície, inclusive com amostras de rochas e regolitos (a poeira que cobre a superfície). Finalmente, os cientistas puderam trabalhar diretamente com material lunar para determinar sua composição exata.

Teoria do impacto gigante

As novas informações trouxeram uma nova teoria — ou melhor, ressuscitaram uma antiga. Em 1946, o geólogo canadense Reginald Daly tentou resolver os problemas do modelo de fissão de Darwin sugerindo que um impacto arrancara um pedaço da Terra que, depois, se tornou a Lua. A ideia de Daly foi amplamente ignorada até 1974, quando os astrônomos americanos William Hartmann e Donald Davies a reviveram como parte de um roteiro mais sofisticado.

Eles propuseram que um planeta do tamanho de Marte se formou no sistema solar numa órbita que cruzava a da Terra. Quando a inevitável colisão ocorreu, a consequência fez literalmente a Terra tremer. O choque liberou 100 milhões de vezes mais energia do que a queda do asteroide que matou os dinossauros não avianos há 66 milhões de anos (ver a página 179). O planeta do impacto (hoje chamado de Theia) se vaporizou, junto de uma parte substancial do manto da Terra. O material se misturou: parte caiu

A PARTIR DO CAOS

de volta na Terra e se recombinou com o manto, parte se solidificou no espaço e formou um anel de detritos do qual a Lua se formou por acreção. Isso explicaria por que a Lua e a Terra têm composição semelhante e por que a Lua tem um núcleo pequeníssimo, pois o núcleo da Terra não teria se vaporizado na colisão. O nome Theia vem da mitologia grega: era a mãe de Selene, a deusa da Lua.

A hipótese do grande impacto não se tornou imediatamente popular, mas depois que uma conferência em 1984 comparou os modelos possíveis, o apoio a ela chegou quase a um consenso. Alastair Cameron estava trabalhando num modelo do grande impacto ao mesmo tempo que Hartmann e Davies, e desenvolveu a hipótese de que um impacto tangencial, no qual Theia se chocou em ângulo com a Terra, produziu as condições corretas para a Lua se formar.

No entanto, em 2019 um novo trabalho indicou um impacto direto. Novos refinamentos em 2019, feitos por uma equipe do Centro RIKEN de Ciência Computacional do Japão, mostrou que, se a Terra ainda fosse um mar de magma quente e Theia, um corpo sólido, a Lua teria se formado principalmente de material derivado da Terra. Se, por outro lado, a Terra já fosse sólida, nosso satélite teria se formado principalmente a partir de Theia. Como a composição da Lua é muito parecida com a da Terra e inclui pelo menos um pequeno núcleo de ferro-níquel, é mais provável que a Terra não estivesse solidificada no momento do impacto. Calcula-se a ocorrência do impacto em 50 milhões de anos depois da formação do sistema solar, quando é plausível que a Terra ainda estivesse derretida.

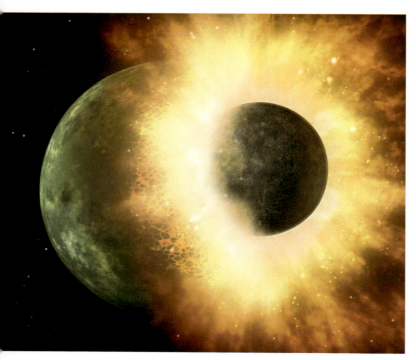

A hipótese do grande impacto resolve a maior parte dos principais problemas dos outros modelos, inclusive a explicação da evidência de aquecimento catastrófico encontrada em amostras de rochas lunares.

EQUIPE TERRA

O novo modelo japonês afirma que a Lua se formou com 80% de material da Terra e 20% de material de Theia, invertendo a proporção dos modelos anteriores. Na bola de magma que se tornaria a Lua, o material mais pesado afundou e formou um pequeno núcleo metálico, como aconteceu no início da existência da Terra.

Equipe Terra

Com a hipótese do grande impacto aceita pela maioria dos cientistas planetários, a situação há uns 4,5 bilhões de anos era que a Terra já tinha seu satélite natural e a mistura de materiais permaneceria (descontando alguns meteoritos, asteroides e cometas para se somar à mistura), começara a se diferenciar com um núcleo metálico cercado por um manto rochoso e estava pronta para avançar rumo à vida como planeta pleno.

A Lua recém-formada ficava muito mais perto da Terra do que hoje e apareceria maior no céu. Aos poucos, ela foi se afastando, e ainda se distancia num ritmo de cerca de 4 cm por ano. A taxa do afastamento varia conforme muda arranjo de terras e oceanos da Terra.

CAPÍTULO 2

Há muito, muito **TEMPO**

"O resultado, portanto, deste inquérito físico é que não encontramos vestígios de começo nem possibilidade de fim."
James Hutton, geólogo, 1788

Que idade tem a Terra? Levamos muito tempo para responder a essa pergunta com algum grau de confiança. Durante muitos anos, tentou-se calcular a idade da Terra com base nas datas da Bíblia. Edmund Halley sugeriu que a idade poderia estar codificada na salinidade dos oceanos. A opinião de Aristóteles de que a Terra sempre existiu e que é eterna recebeu apoio mais tarde entre os geólogos do século XIX. Mas só com as descobertas espantosas do século XX os cientistas começaram a perceber a idade exata da Terra e, em consequência, de todo o sistema solar.

Os indícios das rochas e dos eventos geológicos (como a queda do meteoro que criou esta cratera) revelaram a idade da Terra.

HÁ MUITO, MUITO TEMPO

PALPITE RELIGIOSO

A Bíblia oferece um método matemático de calcular a data da Criação. O Livro do Gênesis dá a idade de uma série de patriarcas, e todos eles viveram, supostamente, quase 1.000 anos; a partir daí é possível recuar do nascimento de Cristo até o suposto momento da criação. Por volta de 1650, James Ussher, arcebispo de Armagh e primaz de toda a Irlanda, calculou que a Criação começou em 23 de outubro de 4004 a.C. às 18 horas. Ele afirmou que o tempo em si começara na noite anterior, num evento pré-Criação.

Ussher não foi o único cristão a tentar esse cálculo. O monge beneditino inglês conhecido como Venerável Bede encontrou 3952 a.C., o cientista Isaac Newton, 4000 a.C., e o astrônomo Johannes Kepler calculou 3992 a.C. Não era uma preocupação exclusivamente cristã: o sábio rabínico judeu José ben Halafta, do século II, estabeleceu a data da Criação em 3761 a.C.

No passado

Embora dominasse por algum tempo no Ocidente, a idade calculada com base na Bíblia não tinha como enfrentar a nova direção da ciência, iniciada uma década depois da datação de Ussher. Como veremos, os geólogos começaram a perceber que a paisagem e os continentes se formavam por processos lentos, entendimento impossível de conciliar com a crença de que o mundo só tem alguns milhares de anos.

Os pensadores mais antigos, como o filósofo grego Aristóteles (383-323 a.C.) e o polímata do Renascimento Leonardo da Vinci (1452-1519), desconfiavam que a Terra é bastante idosa, pois tinham concluído que os fósseis eram os restos mortais de animais antigos, em geral de tipos que não estão mais vivos. Mas não tentaram calcular a idade do planeta e não teriam nenhum modo de conseguir. Por outro lado, no século I a.C. o poeta romano Lucrécio achava que a Terra devia ter se formado bem recentemente, porque não havia registros históricos de épocas anteriores à Guerra de Troia.

Abordagem científica

Na década de 1660, o cientista dinamarquês Niels Steensen, mais conhecido como Nicolas Steno, lançou as bases da geologia com sua hipótese de que as rochas se depositam em camadas (chamadas de estratos), com a mais antiga embaixo (ver a página 81). Steno não tentou datar as camadas de rocha, mas pôs em dúvida a ideia de que a Terra tinha sido criada completa, na forma atual e em questão de dias por uma divindade que tinha mais o

Nicolas Steno foi anatomista e geólogo antes de se tornar bispo.

NO PASSADO

que fazer. Steno não pretendia questionar a Bíblia; ele se contentava em supor que as rochas fossilíferas tivessem se depositado durante o dilúvio de Noé. Ele abandonou a ciência em 1667 e, mais tarde, se tornou bispo.

Mares salgados e camadas de rocha

Em 1715, o astrônomo Edmund Halley tentou usar a salinidade do mar como modo de calcular quanto tempo se passara desde a formação da Terra. Halley notou que os rios são alimentados por riachos que, às vezes, brotam do chão e despejam sua água no mar, levando até o oceano os minerais dissolvidos das pedras. Ele admitiu que, se o mar começasse com salinidade zero (pressuposto inválido) e se tornasse salgado no período de sua existência em ritmo constante (outro pressuposto inválido), seria possível calcular a idade da Terra — mas só se fosse conhecida a taxa de acúmulo de sal (que ele não conhecia).

O polímata russo Mikhail Lomonossov (1711-1765) talvez tenha sido a primeira pessoa a tentar a datação científica. Em *Dos estratos da Terra* (1763), Lomonossov fez algumas descobertas e previsões espantosas — ele detectou a atmosfera de Vênus e explicou a formação dos icebergs —, mas seu trabalho sobre a idade do planeta não foi sua maior realização. Ele decidiu que a Terra tinha sido criada várias centenas de milhares de anos antes da data aceita para o resto do universo.

O naturalista e matemático francês Georges-Louis Leclerc, conde de Buffon (1707-1788), tentou calcular a idade da Terra por meios experimentais. Ele fez um pequeno globo de composição semelhante à da Terra (até onde ele sabia) e mediu a taxa em que esfriava. Ele acreditava que os planetas tinham se formado com material lançado do Sol pelo choque catastrófico com um cometa. Como um pedaço do Sol seria quentíssimo, a Terra começou quente e esfriou aos poucos. Finalmente, a rocha derretida se solidificou com uma superfície dura, e a água se condensou e choveu, formando os oceanos. Com base em suas medições,

Em geral, o gelo que forma os icebergs de hoje caiu como neve dezenas de milhares de anos atrás.

29

HÁ MUITO, MUITO TEMPO

Leclerc estimou que a idade da Terra era de uns 70.000 anos.

No entanto, como Leclerc não sabia a temperatura inicial da Terra nem a taxa em que resfriaria no espaço (e não à temperatura ambiente da França), sua tentativa estava condenada ao fracasso desde o começo. Pelo menos, ele começou com a convicção de que não se podia confiar na Bíblia para nos revelar a história geofísica da Terra.

Embora a estimativa de Leclerc de uns 70.000 anos fosse dez vezes a idade que a Bíblia parecia indicar, em meados do século XIX os geólogos defendiam uma Terra muito mais antiga. Ao olhar os estratos de rocha e os fósseis que continham, alguns cientistas decidiram que a Terra é infinitamente velha. Em 1838, o geólogo escocês Charles Lyell declarou que sua idade era "ilimitada".

Em 1876, o geólogo Thomas Mellard Reade voltou à ideia de acompanhar os minerais dissolvidos nos oceanos e calculou que levaria 25 milhões de anos

Georges-Louis Leclerc foi o historiador natural mais importante do século XVIII.

Muitos milhões de anos em estratos de rocha estão claramente visíveis no monoclinal de Capitol Reef, no estado de Utah, nos EUA.

para os sulfatos de cálcio e magnésio chegarem ao nível atual. Ele chamou o processo de "desnudamento químico", pois a água correndo pelas rochas as desnudava do conteúdo mineral e enriquecia o mar com ele. Outras pessoas que repetiram seus cálculos chegaram a respostas semelhantes. Em 1899, o físico e geólogo irlandês John Joly encontrou a idade exata de 99,4 milhões de anos, embora mais tarde a alterasse para uma faixa mais ampla entre 80 e 150 milhões de anos. Em 1910, o geólogo americano George Becker usou o método do relógio de sal para calcular uma idade de 50 a 70 milhões de anos. O método não funciona, é claro. Além de supor uma taxa constante de acumulação partindo do zero, também supõe que tudo o que chega ao mar fica lá. Os minerais da água do mar são reciclados novamente como rochas; a salinidade não aumenta de forma constante com o tempo e permanece praticamente a mesma.

Outra abordagem que os geólogos usaram foi calcular a partir da taxa em que as rochas sedimentares se depositam. Como as rochas se formam em camadas, conhecer a taxa de formação e a espessura da rocha deveria possibilitar a determinação da idade. No fim do século XIX, os geólogos estudaram primeiro a taxa de sedimentação e depois a aplicaram para os depósitos de rochas mais espessos, e calcularam uma idade de 75 a 100 milhões de anos. Mesmo que funcione para uma rocha específica, esse método não serve para calcular a idade de um planeta inteiro. A sedimentação não ocorre em ritmo constante e regular durante milhões ou bilhões de anos, e vários tipos de atividade geológica desorganizam as camadas e decompõem as rochas.

A vida se junta à mistura

A partir do fim do século XVIII, outro grupo de cientistas entrou no debate sobre a idade da Terra. A biologia começava a aceitar que as coisas vivas mudam e que algumas se extinguem no decorrer de longos períodos. Ficou claro que as mudanças imperceptíveis dos organismos exigem muito tempo para se acumular em desenvolvimento significativo. As pessoas tinham consciência de que os organismos não tinham mudado de forma perceptível durante centenas e até alguns milhares de anos, e assim alguns fósseis de organismos extintos descobertos em meados do século XIX mostravam uma escala de tempo longuíssima.

A física entra em cena

Enquanto geólogos e biólogos ampliavam sem parar o período que achavam necessário para a Terra chegar ao estado atual, outro ramo da ciência trouxe um ponto de vista bem diferente. Os físicos

começaram a contribuir com ideias sobre os materiais e a termodinâmica. Era uma abordagem totalmente nova.

Em 1862, William Thomson (mais tarde, Lorde Kelvin) publicou seus achados de que a Terra tinha de 20 a 400 milhões de anos. Ele baseou seu número em equações desenvolvidas a partir do trabalho do matemático e físico francês Joseph Fourier, que, na década de 1820, lançou as bases da análise dos fluxos de calor. Fourier acreditava que a Terra começara quente e estava esfriando. A equação de Thomson calculava a idade da Terra com base em três números: a temperatura inicial suposta da rocha derretida do planeta; o gradiente geotérmico (a taxa de aumento da temperatura em relação ao aumento de profundidade medido a partir da superfície) e a taxa em que os silicatos aquecidos perdem calor. A princípio, não se conhecia o valor do gradiente geotérmico, mas até 1863 foram feitas medições em várias partes do mundo. Com suas equações, Thomson chegou a uma segunda estimativa de 96 milhões de anos de idade, mas publicou seus achados com uma faixa mais ampla para dar espaço para a incerteza e as variantes do gradiente térmico e da condutividade térmica da rocha da Terra.

Lorde Kelvin (título que ele já tinha) realizou um segundo cálculo, dessa vez para descobrir a duração provável da vida do Sol — já que, claramente, a Terra não podia ser mais antiga do que o Sol. Na época, as pessoas supunham que a energia irradiada pelo Sol vinha da energia gravitacional potencial acumulada durante sua formação por acreção. Na verdade, como vimos, a energia do Sol é fornecida pela fissão nuclear, mas esse processo nem era sonhado na época. Kelvin calculou quanta energia teria se armazenado durante a acreção e concluiu que ela não poderia sustentar o Sol por mais de 100 milhões de anos. Isso se encaixava bem com seu número de 96 milhões de anos, embora deixasse o planeta com apenas poucos e preocupantes 1 milhão de anos antes da extinção.

"Saques imprudentes no banco do tempo"

Os geólogos não gostaram de ver a duração da Terra restringida pela física; Kelvin considerou a abordagem deles extremamente anticientífica e pôs sua fé

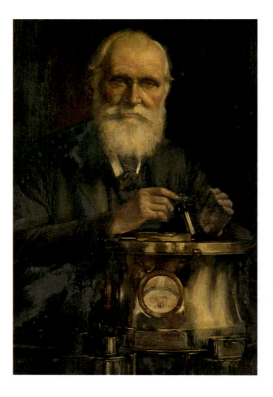

Lorde Kelvin foi considerado o maior físico de seu tempo; não estava acostumado a errar.

LUZ E SOMBRA

nos números e nas leis da física. Não haveria problema se ele escolhesse as leis certas, mas, infelizmente, elas não eram conhecidas, e ele trabalhava com base na premissa errada.

Ainda assim, os cálculos de Kelvin deram um foco à mente dos geólogos; nas palavras do geólogo americano Thomas Chamberlin, eles "restringiram os saques imprudentes no banco do tempo" que vinham fazendo. Depois de ouvir Archibald Gerkie falar da paisagem da Escócia, Kelvin disse que teve a seguinte conversa com o geólogo britânico Andrew Ramsay:
— Não é possível que você ache que a história geológica tem 1.000.000.000 de anos — disse eu.
— Claro que acho.
—10.000.000.000 de anos?
— Isso.
— O sol é um corpo finito. Pode-se saber quantas toneladas pesa. Acha que está brilhando há um milhão de milhão de anos?
Ramsay respondeu:
— Sou tão incapaz de estimar e entender as razões que vocês, físicos, têm para limitar o tempo geológico quando vocês são incapazes de entender as razões geológicas para as nossas estimativas ilimitadas.

Os geólogos acabaram se decidindo por um período longuíssimo, em vez de infinito, desde a formação da Terra.

Rochas candentes

Em 1895, John Perry, ex-assistente de Kelvin, destacou que seus dados se baseavam na condutividade térmica das rochas perto da superfície, mas talvez não refletissem a condutividade das rochas em profundidade maior. Se as rochas no interior da Terra tivessem condutividade

> "Os físicos têm sido insaciáveis e inexoráveis. Tão desprovidos de remorsos quanto as filhas de Lear, reduziram sua concessão de anos em fatias sucessivas, até que alguns reduziram o número a pouco menos de dez milhões."
> Archibald Gerkie, geólogo, 189

mais alta do que as rochas da superfície, o interior também estaria esfriando e fornecendo uma grande quantidade de energia. Isso levaria a uma continuação muito maior do fluxo de calor na superfície. Significava que a Terra podia ser muito mais antiga do que indicavam os cálculos de Kelvin.

Perry reconheceu que a condutividade da rocha aumenta um pouco em alta temperatura, mas, o que é mais importante, que a composição da Terra muda com o aumento da pressão. O interior da Terra conduz o calor melhor do que a superfície. Perry calculou que, se o interior tivesse condutividade térmica perfeita, a Terra poderia ter dois bilhões de anos; com condutividade menos perfeita, poderia ser muito mais antiga. Portanto, os geólogos poderiam estar certos, sem que os cálculos de Kelvin estivessem errados.

Luz e sombra

Por sorte, outro método de datação estava prestes a ser encontrado com base na descoberta espantosa de que os átomos das rochas decaem com o tempo, num padrão rigorosamente previsível e com ritmo absolutamente constante.

Em 1896, o químico francês Henri Becquerel descobriu a radioatividade.

HÁ MUITO, MUITO TEMPO

Pilares de arenito de quartzo no Parque Nacional de Zhangjiajie, na China. Silicatos cristalinos como esses têm condutividade térmica relativamente alta.

Enquanto testava se fluorescência, fosforescência e raios X eram o mesmo fenômeno ou fenômenos aparentados, ele expôs ao sol cristais de sulfato duplo de potássio e uranila, naturalmente fosforescentes, e depois os colocou sobre uma chapa fotográfica. Esperava que absorvessem algo da luz e a reemitissem como raios X, marcando a chapa. Ele conseguiu revelar algumas imagens indistintas dos cristais e decidiu investigar melhor. Planejou um novo experimento, mas o tempo estava nublado. Então, ele embrulhou seus cristais num pano escuro e os guardou numa gaveta, com as chapas fotográficas e uma cruz de metal. Alguns dias depois, quando voltou a pegar o equipamento, ele se espantou ao ver que a chapa estava marcada com a imagem da cruz, embora ele não tivesse exposto os cristais ao sol. A química polonesa Marie Curie cunhou o nome "radioatividade" para o fenômeno que Becquerel descobriu.

Em 1899, o físico Ernest Rutherford, nascido na Nova Zelândia, descobriu que há três tipos diferentes de radioatividade, hoje chamados de radiação alfa, beta e gama. Em 1903, Rutherford e o químico inglês Frederick Soddy anunciaram que os elementos radioativos se decompõem de forma previsível em outros elementos, num ritmo constante. Isso foi extraordinário: depois da época dos alquimistas, ninguém

DATAÇÃO DA CROSTA TERRESTRE

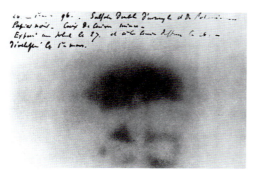

Um experimento abandonado com fosforescência levou à descoberta acidental da radioatividade por Becquerel.

definiu o princípio de "meia-vida", que afirma que metade de uma substância radioativa decairá num período específico, e que esse período é o mesmo para todas as amostras do mesmo elemento radioativo. A meia-vida dos materiais radioativos varia de frações de segundo a bilhões de anos (ver quadro abaixo). A meia-vida do urânio, por coincidência, é mais ou menos igual à idade da Terra, portanto só metade do urânio-238 presente no início da Terra ainda existe hoje.

Datação da crosta terrestre

supunha que um elemento pudesse ser decomposto, formado ou alterado.

A aplicação da radiação à geologia não demorou. Em 1905, Rutherford sugeriu que o decaimento radioativo poderia ser usado para datar rochas. Em 1907, ele

O radioquímico americano Bertram Boltwood descobriu que sempre há chumbo presente em minérios de urânio e tório e concluiu que ele deve ser produzido pelo decaimento radioativo desses elementos. Em 1907, ele verificou que havia

MEIAS-VIDAS LONGAS E CURTAS	
Bismuto-209	19.000.000.000.000.000.000 de anos
Urânio-238	4,5 bilhões de anos
Chumbo-210	22,2 anos
Rádio-223	11,43 dias
Urânio-240	14,1 horas
Frâncio-223	22 minutos
Carbono-15	2,45 segundos
Carbono-8	0,0000000000000000002 de segundo

HÁ MUITO, MUITO TEMPO

mais chumbo nas rochas com urânio mais antigas e calculou que seria possível usar a razão entre urânio e chumbo para calcular sua idade. Ele sabia em que taxa o urânio decai (sua meia-vida) e pôde deduzir, pela proporção de chumbo e urânio presente, há quanto tempo o urânio foi depositado. Ele chegou a um novo modo de calcular pelo menos a idade mínima da crosta terrestre. O resultado de seu cálculo foi de 2,2 bilhões de anos. Isso era muito mais do que o número de Kelvin, e, como se baseava na análise das próprias rochas, parecia indiscutível.

Cadeias de decaimento

Três cadeias de decaimento encontradas na natureza são úteis para os geólogos porque nos permitem medir a idade das rochas. As cadeias são: o decaimento do urânio-238 (meia-vida de 4,5 bilhões de anos) para chumbo-206 em dezoito estágios; o decaimento do urânio-235 (meia-vida de 700 milhões de anos) para chumbo-207 em quinze estágios; e o decaimento do tório-232 (meia-vida de 14 bilhões de anos) para chumbo-208 em dez estágios.

Contagem final

De repente, a datação radiométrica permitiu que a Terra fosse muito mais antiga do que os geólogos sonhavam. Arthur Holmes desenvolveu o método de datação radiométrica urânio-chumbo e, em 1913, publicou uma estimativa de 1,6 bilhões de anos para as rochas mais antigas (embora não para a própria Terra). Ele observou com ironia que "não faz muito tempo, os geólogos estavam insatisfeitos com a escassez de sua margem de tempo; hoje, têm de enfrentar uma superabundância embaraçosa". Em 1927, Holmes fez uma nova datação radiométrica de rochas com 3 bilhões de anos; era mais do que a idade então atribuída ao universo (cerca de 1,8 bilhão de anos).

As rochas com urânio são de dois tipos principais: xisto preto e fosforita. No litoral da Cornualha, no Reino Unido, camadas fraturadas de lamito e xisto preto são expostas na maré baixa.

AS FATIAS DO TEMPO

Finalmente, em 1953 o geólogo Clair Cameron Patterson mediu os isótopos de chumbo no meteorito do Canyon Diablo e obteve uma idade da Terra de 4,53 a 4,58 bilhões de anos. Outras datações radiométricas de meteoritos e das rochas lunares trazidas pelos pousos do programa Apollo deram uma idade de 4,54 bilhões de anos para a Terra e 4,6 bilhões de anos para o sistema solar como um todo.

As fatias do tempo

A imensa escala temporal de 4,54 bilhões de anos dificulta datar os eventos com algum grau de certeza no tempo geológico. Em consequência, os geólogos desenvolveram um sistema de datação que cita

> **TERRA PRIMITIVA FRIA?**
> A descoberta da radioatividade em rochas permitiu uma explicação possível do calor da Terra que não fosse o modelo de Kelvin do esfriamento da Terra quente. Um modelo alternativo falava de rochas que se empilhavam no espaço e a Terra se acumulando como um aglomerado frio, para só derreter quando houvesse acúmulo suficiente de calor radiogênico, depois de centenas de milhões ou até bilhões de anos. Isso poderia produzir a atmosfera rica em hidrogênio, metano e amônia sugerida na década de 1950 por Harold Urey (ver a página 120) e permitido a síntese de moléculas orgânicas complexas fundamentais para a vida. No entanto, a teoria caiu em desfavor depois que o calor envolvido nas colisões da acreção tornaram irrefutável que a Terra começou quente; ela não precisou esperar para esquentar.

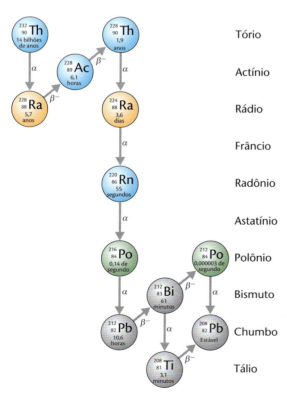

O tório-232 tem uma meia-vida muito longa, mas todas as outras meias-vidas da série são curtas, a maior sendo a do rádio-228 (5,7 anos). A razão de tório e chumbo, portanto, é uma indicação bastante boa de quanto tempo se passou. Se uma amostra tiver 87,5% de tório e 12,5% de chumbo, cerca de 3,5 bilhões de anos se passaram desde que a rocha se formou; metade decaiu em 14 bilhões de anos, um quarto em 7 bilhões e um oitavo (12,5%) em 3,5 bilhões de anos.

HÁ MUITO, MUITO TEMPO

intervalos em sequência. A sequência relativa permanece válida e útil, mesmo que a data exata dos eventos seja desconhecida ou se altere.

Com o advento dos métodos de datação radiométrica, tornou-se possível fixar datas aproximadas para os períodos da história da Terra, e elas se moveram conforme os métodos foram se aprimorando. Por exemplo, hoje se considera que o Período Cambriano começou há 541 milhões de anos (Ma), mas antes ele foi datado de 542 Ma (em 2009), 543 Ma (em 1999) e 570 Ma (em 1983).

Agora, o tempo geológico é dividido em quatro éons, definidos pela Comissão Internacional de Estratigrafia (ICS): Hadeano, Arqueano, Proterozoico e Fanerozoico. Esses éons se subdividem em eras, depois em períodos, depois em épocas e, finalmente, em idades.

Fora do Hades

O primeiro éon geológico citado é o Hadeano, com o nome de Hades, o deus grego do submundo, em reconhecimento pelas condições infernais que se presume que teriam predominado. Ele vai da formação da Terra e da Lua até quatro bilhões de anos atrás. Nesse período, a Terra desenvolveu a sua crosta fria e sólida, formou oceanos e atmosfera e criou alguns dos mais antigos pedaços de rocha que ainda existem.

Éon	Era	Período	
Fanerozoico	Cenozoica	Quaternário	◄ Hoje
		Neogeno	
		Paleogeno	◄ 66 Ma
	Mesozoica	Cretáceo	
		Jurássico	
		Triássico	◄ 252 Ma
	Paleozoica	Permiano	
		Carbonífero – Pensilvaniano	
		Carbonífero – Mississipiano	
		Devoniano	
		Siluriano	
		Ordoviciano	
		Cambriano	◄ 541 Ma
Proterozoico	~	~	◄ 2.5 Ba
Arqueano	~	~	◄ 4.0 Ba
Hadeano	~	~	◄ 4.54 Ba
Caotiano	~	~	

ÉONS DE TEMPO

A falta de provas físicas fez com que o éon Hadeano não fosse tradicionalmente subdividido. No entanto, em 2010 o geólogo americano Colin Goldblatt propôs que fosse dividido em três eras e seis períodos. Ele também sugeriu um novo éon chamado Caotiano, a ser acrescentado antes do Hadeano. O éon Caotiano cobre o tempo em que a Terra estava se formando no disco protoplanetário. Essa nova divisão separa os eventos no nível do sistema solar dos eventos relacionados apenas à evolução da Terra.

Goldblatt propôs que o éon Hadeano começasse com a formação da Lua e terminasse ao mesmo tempo do hipotético intenso bombardeio tardio. Ele também recomendou chamar a proto-Terra (a Terra antes da formação da Lua) de Tellus, a deusa romana da Terra.

Em seguida ao Hadeano, o éon Arqueano cobre o período entre 4 bilhões e 2,5 bilhões de anos, começando mais ou menos na época em que a Terra obteve uma superfície sólida e estável e terminando por volta da época em que a atmosfera se tornou oxigenada.

As formações rochosas expostas mais antigas datam do éon Arqueano, com apenas alguns grãozinhos minúsculos considerados do Hadeano. Também se acredita que os primeiros continentes da Terra tenham se formado no Arqueano, centrados nessas ilhas de pedra (ver a página 57). A vida provavelmente começou durante o Arqueano ou, talvez, no fim do Hadeano (ver a página 122).

Planeta vivo

O éon Proterozoico se estende de 2,5 bilhões a 541 milhões de anos atrás. Nesse período, os continentes da Terra se for-

À direita: Um pedaço de gnaisse (rocha metamórfica) do cráton do Lago dos Escravos, no Canadá, uma das rochas expostas mais antigas do mundo. Essa pedra data de 4,03 bilhões de anos atrás.

Página ao lado: Gráfico geológico que data o início da Terra e mostra a divisão do tempo em éons, eras e períodos.

HÁ MUITO, MUITO TEMPO

maram, se separaram e voltaram a se unir várias vezes, em consequência da atividade tectônica (ver as páginas 97 a 100). A vida se tornou prolífica nos oceanos, mas ainda se limitava a algas primitivas e outros micro-organismos em terra. Os seres vivos sobreviveram a algumas mudanças extremas do clima e da atmosfera, mas foi por pouco. O éon Proterozoico começou na época em que o oxigênio começou a ser acrescentado em grande quantidade à atmosfera. O período Ediacarano, no fim do Proterozoico (635 a 541 Ma), viu a evolução dos organismos multicelular de corpo mole, que deixaram os primeiros fósseis óbvios.

O éon Fanerozoico vai de 541 milhões de anos atrás até o presente. Não surpreende que seja o éon para o qual conseguimos calcular as datas absolutas mais precisas. Nessa época, a vida se espalhou pela terra, às vezes ocupando todas as áreas do planeta, e evoluiu em formas avançadas e sofisticadas, mantendo uma grande diversidade de cidadãos microbianos.

> ### O "PARADOXO DO SOL JOVEM E FRACO"
> Durante o primeiro bilhão de anos da Terra, o Sol era cerca de 15% menor do que hoje e produzia menos calor. O resultado pode ser que a Terra era tão fria que não havia oceano líquido. Mas sabemos que a Terra não era congelada, mas mais quente do que hoje. O fluxo de calor do interior da Terra para a superfície, uma mistura de calor residual da acreção e calor do decaimento radioativo, era cerca do triplo de hoje. Mas o calor interior só oferece uma porção minúscula do calor da Terra; a maior parte dele vem da radiação solar.
>
> A explicação provável é de que a Terra tinha um cobertor de gases do efeito estufa, provavelmente dióxido de carbono e metano, que mantinham o calor preso perto da superfície. Esses gases teriam sido produzidos pela atividade vulcânica, por impactos de asteroides no planeta ou ambos. O efeito estufa manteria a Terra quente o bastante para ter água líquida e promover a vida.

A Hallucigenia, assim batizada pela aparência bizarra, era um onicóforo com espinhos ao longo das costas. Com cerca de 25 mm de comprimento, arrastava-se pelo leito do mar há mais de quinhentos milhões de anos.

AS FATIAS DO TEMPO

No fim do século XVIII, os geólogos começaram a distribuir as rochas da Terra em períodos teóricos. Esses períodos foram chamados de Primário, Secundário, Terciário e Quaternário (o mais recente). Seu modelo se baseava no princípio da superposição — as rochas mais antigas estão no estrato inferior — explicado por Steno (ver a página 81). O período atual ainda é chamado de Quaternário, embora os outros nomes não sejam mais usados.

A partir do início do século XIX, geólogos como William Smith, na Grã-Bretanha, e Georges Cuvier, na França, reconheceram que os estratos de rocha podiam ser identificados e datados uns em relação aos outros pelos fósseis que continham (ver o capítulo 7). Quando um fóssil específico é encontrado num estrato específico em qualquer lugar no mundo, esse fóssil data o estrato e pode ser usado para avaliar a idade relativa dos estratos acima e abaixo.

O mapa geológico de Oxfordshire, de William Smith, fazia parte de sua grande iniciativa de produzir um atlas geológico codificado em cores da Inglaterra, do País de Gales e da Escócia.

HÁ MUITO, MUITO TEMPO

> **O QUE HÁ NUM NOME?**
>
> A classificação sistemática do tempo geológico foi iniciada pelos geólogos ingleses Adam Sedgwick e Roderick Murchison em meados do século XIX. Dentro de cada era, os períodos receberam o nome do local onde estratos distintos de rocha foram encontrados ou pelo tipo de rocha descoberta. Assim, "Cambriano" vem do nome romano do País de Gales, *Cambria*, e "Cretáceo" vem de *creta*, gesso em latim. "Siluriano" vem do nome de uma antiga tribo galesa, os silures.
>
> O nome dos períodos Cambriano e Siluriano fez Sedgwick e Murchison brigarem. Os dois trabalharam juntos na geologia do País de Gales, e, enquanto Sedgwick definia o período Cambriano, Murchison definiu o Siluriano (que vem depois). Murchison usou fósseis extensamente para definir o seu período, mas não Sedgwick. Por trabalharem com métodos diferentes, houve alguma superposição nas suas definições. A princípio, Murchison afirmou que parte do Siluriano inferior na verdade pertencia ao Cambriano, e mais tarde remendou a declaração para afirmar que todo o Siluriano fazia parte do Cambriano. Era uma distinção significativa, pois os fósseis do Siluriano eram os mais antigos conhecidos na época, e os dois queriam reivindicar o início da vida na Terra (em seu modo de ver) para o seu período. A questão foi finalmente resolvida em 1879 por Charles Lapworth, colega de Sedgwick, que propôs que o Siluriano inferior e o Cambriano superior, os períodos em disputa, recebessem o nome de Ordoviciano.

Em 1841, o geólogo britânico John Phillips publicou a primeira escala de tempo geológico, que ordenava os estratos de rochas de acordo com o tipo de fóssil neles encontrado. Ele criou o nome "Mesozoico" (que significa "vida média") para a era entre o Paleozoico ("vida antiga") e o Cenozoico ("vida recente").

Tudo é relativo

O princípio da superposição (as camadas novas de rocha cobrem as mais antigas) demonstra que uma camada de rocha ou fóssil é mais antiga do que outra, mas não dá a datação exata. Quando William Smith e seus amigos Joseph Townsend e Benjamin Richardson notaram uma mudança distinta das camadas de rocha entre as plantas fossilizadas de um estrato e as conchas fossilizadas do estrato seguinte, eles puderam dizer que as plantas vieram primeiro, mas não as datar em termos absolutos. Essa mudança, agora reconhecida como a divisão entre os períodos Carbonífero e Permiano, pode ser datada hoje com precisão em 298,8 milhões de anos atrás. O Período Carbonífero, com seus fósseis de árvores, foi a era em que se formaram os depósitos de carvão, e o Permiano viu os primeiros animais terrestres grandes.

TUDO É RELATIVO

As primeiras datas atribuídas aos períodos apresentavam muitas conjeturas, mas até hoje nossas melhores estimativas ainda podem ser refinadas ou derrubadas por desenvolvimentos futuros. Já se acreditou que o período Jurássico se estendia de 148 milhões a 108 milhões de anos atrás, mas hoje ele está fixado entre 200 milhões e 148 milhões de anos atrás. Atualmente, o fim do período Permiano aconteceu 251.902 milhões de anos atrás — com uma exatidão de mil anos. Alguns eventos podem ser datados com mais precisão do que outros. O fim do Permiano foi marcado por erupções vulcânicas e um evento de extinção que matou quase toda a vida na Terra, mas que deve ter levado anos. O fim do período Cretáceo foi marcado por outra extinção, mas dessa vez causada pela queda de um asteroide. Em tese, ela poderia ser datada numa tarde específica.

GOLDEN SPIKES

A Comissão Internacional sobre Estratigrafia é o organismo internacional responsável por fixar as divisões do tempo geológico. Ela identifica as rochas que representam as fronteiras mais baixas (e, portanto, mais antigas) entre as eras, chamadas de Seção e Pontos do Estratótipo de Fronteira Global (Global Boundary Stratotype Section and Points, GSSP). Elas são marcadas com um *"golden spike"*, um pequeno marco circular dourado. Outras rochas do mundo inteiro podem ser calibradas em relação a esses marcadores.

O golden spike do GSSP do estágio Ladiniano (Triássico médio superior), nos Alpes italianos. A fronteira fica na base do leito de calcário que se sobrepõe ao sulco bem visível.

43

CAPÍTULO 3

Terra, ar e ÁGUA

*"Onde antes a terra era sólida, o Mar se viu;
E terra sólida, onde antes o Mar profundo existiu."*
George Sandys, Ovid's Metamorphosis, *Livro XV,
tradução para o inglês de 1632*

Em seus primeiros dias, a Terra era uma massa giratória de rocha e metal em brasa semiderretidos. Quando esfriou, endureceu e acabou formando uma crosta externa sólida, com oceanos de água líquida. No seu primeiro meio bilhão de anos, mais ou menos, o planeta obteve atmosfera, oceanos, uma superfície rochosa — e, provavelmente, vida.

Representação artística da paisagem do Arqueano, com vulcões ativos, estromatólitos se formando em águas costeiras rasas e a Lua muito mais perto da Terra do que hoje.

TERRA, AR E ÁGUA

Enquanto a Terra esfriava, boa parte deve ter sido coberta pelo oceano. As massas terrestres que se formaram não tinham relação nenhuma com os continentes modernos.

A atmosfera da Terra

No começo, a Terra era um lugar de torvelinho e calor escaldante. Tradicionalmente, essas condições foram retratadas como contínuas e sem alteração durante milhões de anos, o planeta golpeado por meteoros e asteroides que voltavam a derreter qualquer superfície sólida quase assim que se formava. A primeira era geológica oficialmente reconhecida, o éon Hadeano — com o nome de Hades, o deus do mundo subterrâneo da antiga mitologia grega —, reflete esse quadro. Mas, recentemente, essa noção de meio bilhão de anos turbulentos tem sido questionada. Está surgindo um novo modelo de uma Terra sólida, fria e talvez até amena para a vida desde muito antes do que se imaginava.

A atmosfera da Terra hoje não tem nada a ver com a sua primeira atmosfera. Houve mudanças imensas no passado, inclusive uma substituição completa. Na década de 1940, o geoquímico americano Harrison Brown reconheceu que a Terra teve duas atmosferas distintas e separadas. A primeira foi capturada diretamente da nebulosa solar (a atmosfera primária); depois, formou-se uma atmosfera com o material do próprio planeta (a atmosfera secundária). Brown constatou isso a partir de algo que não estava lá.

O sumiço do neônio

Em 1924, o químico inglês Frederick Aston notou que havia pouquíssimo neônio na atmosfera da Terra em comparação com a composição provável da nebulosa solar. (O neônio é um gás nobre inerte, da mesma família do hélio.) O Sol contém proporção quase igual de neônio e nitrogênio, mas a Terra tem cerca de 86.000 vezes mais nitrogênio do que neônio. Aston notou que todos os gases nobres estão subrepresentados na atmosfera da Terra e propôs que a própria

A ATMOSFERA DA TERRA

condição de serem inertes selou seu destino. Ele sugeriu que, como não se unem a outros átomos e, dessa maneira, não aumentam de massa, os átomos dos gases nobres foram lançados de volta para onde vieram:

"No tumulto de corpos em colisão, com a massa variando de átomos para cima, os átomos dos gases inertes, sem as restrições da combinação química irrevogável e livres para colidir e ricochetear indefinidamente, gravitariam, de forma inevitável, rumo às massas maiores e abandonariam as menores. Nesse ponto de vista, o quinhão terrestre de gases inertes foi perdido para o Sol, embora se ainda estão lá imutáveis não venha ao caso." Harrison Brown se agarrou a isso e começou a investigar as atmosferas planetárias. Começou calculando a razão entre neônio e silício (comum nas rochas da Terra) para comparar a razão desses dois elementos em outros planetas sem que o tamanho do planeta influenciasse a medição. Ele comparou a quantidade de neônio na Terra com a quantidade dos outros gases nobres — argônio, criptônio e xenônio — e descobriu que, embora a Terra tenha cerca de um milionésimo da abundância da maioria dos gases nobres do restante do cosmo, tem apenas um bilionésimo de neônio. Brown reconheceu que a característica significativa nesse contexto é que, depois do hélio, o neônio é o mais leve dos gases nobres. E supôs que algo deve ter causado o escape do neônio para o espaço. Ele concluiu que o fenômeno que levou embora o neônio também removeria todos os outros gases mais leves.

Em 1949, Brown propôs que a atmosfera original da Terra era semelhante, em composição, à do Sol (principalmente hidrogênio e hélio). Ela a teria capturado da nebulosa solar, mas a perdeu no início da sua história. O neônio foi removido do planeta com o hidrogênio e o hélio. Embora o neônio fosse fácil de remover, os gases reativos e os átomos mais pesados

> "Parece que, durante o processo de formação da Terra, o mecanismo era proibir a retenção de uma fração apreciável de qualquer substância que, na época, existisse primariamente em estado gasoso [...]
> Parece que a atmosfera da Terra é quase inteiramente de origem secundária, e se formou como resultado de processos químicos ocorridos após a formação do planeta."
> Harrison Brown, 1949

UM MAU PLANO
Nem todas as ideias de Harrison Brown eram sensatas. Em 1954, ele sugeriu que a fome do mundo poderia ser resolvida bombeando muito dióxido de carbono na atmosfera para estimular o crescimento das plantações. Ele achava que queimar pelo menos 500 bilhões de toneladas de carvão dobraria o dióxido de carbono da atmosfera. Logo ficou óbvio que não era um plano muito bom.

TERRA, AR E ÁGUA

dos outros gases nobres permaneceram em grande quantidade. Os gigantes gasosos, muito maiores do que a Terra e com força gravitacional muito maior, conseguiram manter os seus gases leves.

A captura da atmosfera

Acontece que a primeira atmosfera da Terra pode ter sido necessária para outros aspectos do desenvolvimento do planeta. A questão de como a Terra adquiriu seu importantíssimo envoltório de gases foi abordada em 1979 por Chushiro Hayashi, da Universidade de Tóquio.

Qualquer objeto de massa significativa atrairá material para si. Hayashi demonstrou que, depois de adquirir um décimo da massa atual, a Terra atraiu uma capa considerável de gases da nebulosa solar circundante. Seria principalmente hidrogênio, mas com algum hélio e outros gases em quantidade menor. Um dos resultados dessa atmosfera foi que, conforme a massa da Terra aumentava, a temperatura na superfície subia, por causa do efeito de cobertor da atmosfera. Quando a Terra tinha um quarto da massa atual, a temperatura da superfície seria de uns 1.500 K, suficientes para derreter todos os seus componentes. Isso permitiu que os gases mais pesados afundassem rumo ao centro do planeta. Sob a atmosfera primária plenamente formada, a temperatura provavelmente ficava em torno de 3.000 K.

Despida

Mas esse estágio não durou muito. Quando o Sol começou a fissão nuclear, a radiação arrancou as camadas solares externas e o remanescente da nebulosa solar, levando-os para longe através do sistema solar.

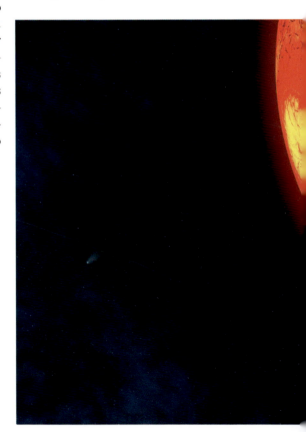

"Em estágios nos quais a nebulosa solar existia, a proto-Terra se derreteu quase completamente, e o metal derretido sedimentou rumo ao centro para formar o núcleo do planeta."
Chushiro Hayashi, 1979

Os meteoros que atingiram a Terra primitiva trouxeram consigo material extra que contribuiu para a composição final do planeta.

48

A CAPTURA DA ATMOSFERA

A atmosfera da Terra estava em posição vulnerável. O hidrogênio e o hélio são tão leves que se perderam facilmente no espaço, e a radiação e o vento solares provavelmente levaram embora também o quinhão gasoso terrestre. No modelo de Hayashi, a terra perdeu a sua primeira atmosfera de cima para baixo num período de cerca de cem milhões de anos.

Mas há outras possibilidades: um grande impacto pode ter elevado a temperatura a ponto de acelerar a velocidade de escape do hidrogênio e do hélio (ver quadro) e a atmosfera pode ter se perdido inteiramente em questão de horas, como sugerido em 2006 por Kevin Zahnle, da NASA. No entanto, cientistas do Massachusetts Institute of Technology (MIT), da Universidade Hebraica e do Caltech argumentaram, em 2014, que um único impacto maciço poderia gerar calor suficiente para derreter o interior da Terra. A estrutura interna atual da Terra sugere que isso não aconteceu. Em vez disso, esses cientistas propõem que milhares de pequenos impactos de aste-

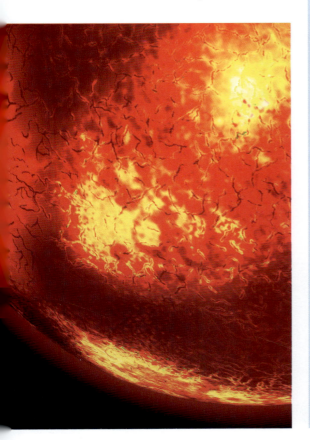

QUENTE, LIVRE E VELOZ

Os átomos ou moléculas de gás se movem mais depressa em temperatura alta do que baixa; esse movimento é que define o calor. Quando recebe energia, um átomo menor se moverá mais depressa do que o átomo maior que receber a mesma quantidade de energia.

Para escapar da atração gravitacional de um objeto, a molécula de gás precisa atingir a velocidade de escape. Na Terra, a velocidade de escape é de 11,3 quilômetros por segundo. Se for quente e leve a ponto de suas moléculas se moverem a mais de 11,3 km por segundo, o gás pode escapar da Terra. Do mesmo modo, se estiverem viajando mais devagar do que isso, as moléculas de gás que passarem pela Terra serão arrastadas para a atmosfera do planeta.

Em temperatura abaixo de 2.000 K, os gases com massa molecular menor do que 10 conseguirão escapar, mas os que tiverem massa molecular acima de 10 ficarão cativos.

roides e meteoros perfuraram a primeira atmosfera da Terra mais ou menos na mesma época da formação da Lua. Esses asteroides se vaporizavam com o impacto, injetando violentamente substâncias voláteis que expulsaram e substituíram partes da atmosfera acima do ponto de impacto.

Atmosfera feita em casa

Mas nem tudo se perdeu com a primeira atmosfera, pois a Terra acumulou uma nova atmosfera secundária. Nossa atmosfera atual se desenvolveu a partir dessa versão primordial. A sua composição variou consideravelmente durante mais de quatro bilhões de anos, evoluindo com as mudanças geológicas e, mais tarde, biológicas.

Os ingredientes da nova atmosfera já esperavam dentro da Terra. Enquanto os condritos (meteoritos não metálicos) e aglomerados maiores regiravam na nebulosa solar, substâncias voláteis se agarravam à sua superfície. O hidrogênio forma prontamente compostos voláteis, como amônia (com nitrogênio), metano (com carbono) e água (com oxigênio). Enquanto se formava a partir de uma coletânea de pedaços e aglomerados, a Terra acumulou os materiais voláteis que se agarravam ao lado de fora desses blocos. Na primeira fase da acreção, com impactos de baixa energia entre partículas pequenas e condições relativamente frias, os materiais que chegavam mantiveram as substâncias voláteis, que ficaram presas no planetesimal em formação. Mais tarde, quando a Terra embrionária ficou maior, a temperatura subiu, e a energia maior de alguns impactos fez as substâncias voláteis serem imediatamente liberadas e formarem uma protoatmosfera. Os impactos de cometas, quase todos de gelo, sempre liberavam as substâncias voláteis imediatamente, porque o gelo se derretia na mesma hora e se vaporizava com a temperatura mais alta da Terra.

Uma atmosfera de dentro para fora

Como vimos, o jovem planeta era quente, aquecido pela gravidade das partes em acreção, pela radioatividade, pelos impactos, pela capa da atmosfera e pela

50

ATMOSFERA FEITA EM CASA

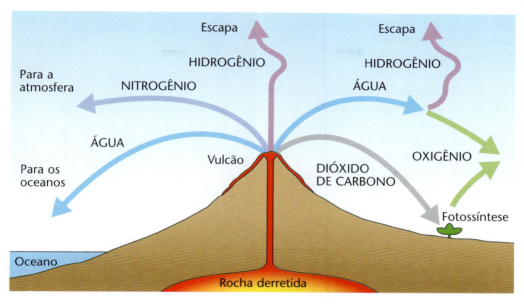

Página ao lado: *Os gases ainda escapam do magma sob a superfície, borbulhando em campos vulcânicos como essa piscina geotérmica na Islândia.*

Acima: *Na atmosfera primitiva da Terra, os gases escapam do interior derretido do planeta por meio da atividade vulcânica. O hidrogênio escapa para o espaço, mas carbono, nitrogênio e oxigênio, não.*

radiação do Sol. Quando a temperatura subia a ponto de derreter as rochas, os materiais se deslocavam por ele de acordo com a massa; os metais mais pesados migravam para o centro, os gases mais leves se moviam para a superfície. As substâncias voláteis presas dentro do planeta em formação escaparam através da rocha quente e semiderretida no processo de liberação de gases. Eles subiram até a superfície, passando pelo magma ou por aberturas na rocha endurecida, e escaparam para construir uma segunda atmosfera. Além das substâncias voláteis, havia elementos gasosos presentes nos compostos, como nitratos, óxidos, sulfetos etc. As reações químicas dentro do planeta liberaram alguns deles, que chegaram à superfície. A maior parte da atmosfera gerada de dentro para fora era de vapor d'água e dióxido de carbono (ver o diagrama acima).

Sempre ativa

A atmosfera da Terra muda o tempo todo, pois os elementos são reciclados de formas diferentes. O hidrogênio pode estar presente na amônia (NH_3), na água (H_2O), no metano (CH_4) e como hidrogênio molecular (H_2), por exemplo. Embora o hidrogênio molecular seja bastante leve e escape facilmente até a superfície, o metano, a água e a amônia têm massa molecular maior e não escapam em temperatura baixa. Em vez disso, se decompõem: a radiação ultravioleta intensa, como a que vem do Sol, desmonta o metano em carbono e hidrogênio, a água

TERRA, AR E ÁGUA

em oxigênio e hidrogênio e a amônia em nitrogênio e hidrogênio, num processo chamado fotodissociação ou fotólise.

Assim como os outros, os elementos gasosos são constantemente reciclados. Quando se prende num "sumidouro" — por exemplo, quando o carbono fica preso em rochas carbonáticas —, o elemento é removido do sistema por algum tempo, e o equilíbrio da atmosfera muda. Quando uma nova fonte, como uma enorme erupção vulcânica, despeja dióxido de carbono na atmosfera, o equilíbrio muda outra vez. Os ciclos de carbono, oxigênio e nitrogênio que temos hoje não são os mesmos que havia bilhões de anos atrás, porque hoje as coisas vivas têm um papel importante nos ciclos químicos.

Comparações planetárias

A atmosfera primordial da Terra era rica em dióxido de carbono. Como descobrimos às nossas custas, o dióxido de carbono é um potente gás do efeito estufa. Quatro bilhões de anos atrás, ele prendeu o calor perto da superfície, mantendo a Terra quente; sem ele, a Terra congelaria naquele momento. Para ver a diferença que uma atmosfera dessas faz, só precisamos comparar dois de nossos vizinhos no espaço, Mercúrio e Vênus.

Mercúrio, o planeta mais próximo do Sol, é muito quente num dos lados e frio no outro. Praticamente não tem atmosfera para protegê-lo do calor e da radiação ou para prender o calor perto da superfície. Ele gira devagar, e cada dia solar de Mercúrio corresponde a 176 dias da Terra — metade dele voltado para uma estrela escaldante que aquece a superfície até os 430°C. A metade do dia de costas para o Sol o resfria até um mínimo de

A superfície de Vênus não é visível, mascarada por uma atmosfera espessa que prende o calor junto à superfície.

–180°C à noite. Embora fique mais longe do Sol do que Mercúrio, Vênus é quente o tempo todo. A superfície chega a 467°C e é tão quente que derrete o chumbo. Há pouca diferença entre a temperatura diurna e noturna, mesmo com o dia venusiano durando 243 dias da Terra. A razão disso é a espessa atmosfera de Vênus, formada principalmente de dióxido de carbono, que prende o calor perto da superfície e aumenta a temperatura com o tempo. O mesmo aconteceu na Terra jovem, embora em grau menor. A Terra tinha algo que Vênus não tem e que mudou o destino do planeta: uma superfície ativa e água.

Muitos cientistas acreditam que, quatro bilhões de anos atrás, a primeira atmosfera da Terra era muito parecida com a atual atmosfera de Vênus: pesada, com pressão elevada, formada de dióxido de carbono, talvez com nuvens de ácido sulfúrico, resultando numa temperatura de 230°C na superfície. É possível que Vênus tivesse

ATMOSFERA FEITA EM CASA

água líquida naquela época também, mas não tinha atividade tectônica, e assim perdeu sua água e se aqueceu.

Carbono guardado

Quando a atmosfera da Terra era rica em dióxido de carbono, este se dissolveu prontamente no oceano e formou os íons carbonato e bicarbonato. Quando se combinam com o cálcio da rocha quimicamente erodida dos rios, os íons formam rochas carbonáticas no fundo do mar. O cálcio vem da erosão das rochas da superfície pela chuva. Isso faz parte do ciclo lento do carbono. O dióxido de carbono recuperado das rochas carbonáticas se integra ao manto da Terra e, finalmente, retorna à atmosfera com os gases vulcânicos.

Conforme a rocha mergulha no manto, novas rochas carbonáticas se formam em seu lugar. As rochas carbonáticas que

> **SALVO PELO MAR**
> Finalmente, o dióxido de carbono extra que os seres humanos têm despejado na atmosfera desde a Revolução Industrial se dissolverá no oceano e ficará preso em rochas carbonáticas. Quando chegarem às zonas de subducção na borda dos oceanos, elas serão arrastadas para o manto. Isso levará milhares de anos, pois se baseia no processo lento de trocar a água do alto do oceano pela água no fundo. A "esteira rolante do oceano", que faz a água se mover pela Terra e entre as profundezas e a superfície, leva cerca de mil anos para completar seu ciclo; logo, essa não é uma solução rápida para a mudança climática.

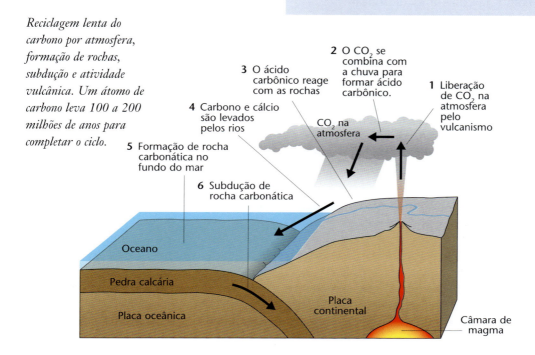

Reciclagem lenta do carbono por atmosfera, formação de rochas, subducção e atividade vulcânica. Um átomo de carbono leva 100 a 200 milhões de anos para completar o ciclo.

1 Liberação de CO_2 na atmosfera pelo vulcanismo
2 O CO_2 se combina com a chuva para formar ácido carbônico.
3 O ácido carbônico reage com as rochas
4 Carbono e cálcio são levados pelos rios
5 Formação de rocha carbonática no fundo do mar
6 Subducção de rocha carbonática

CO_2 na atmosfera

Oceano
Pedra calcária
Placa oceânica
Placa continental
Câmara de magma

TERRA, AR E ÁGUA

mergulham fundo levam dióxido de carbono para o manto, prendendo-o ali por muito tempo. Hoje, as rochas carbonáticas se formam nas poucas centenas de metros superiores da jovem crosta oceânica, mas o principal meio de remover dióxido de carbono da atmosfera é pela fotossíntese de plantas e algas. Antes que elas evoluíssem, o dióxido de carbono só era reciclado geologicamente. Uma quantidade substancial do dióxido de carbono do início da Terra pode ter sido removido por esse processo durante 100 milhões de anos.

De rocha a oceano

Do mesmo modo que a origem da própria Terra, a questão de onde vieram os oceanos foi tema de mitos e lendas, assim como de conjeturas filosóficas e investigações científicas. Três possibilidades foram sugeridas como fonte da água. Os cientistas dizem que pode ter vindo de dentro das rochas que formavam a proto-Terra, de asteroides e meteoros que caíram na Terra ou de cometas que colidiram com a Terra.

Seja qual for a fonte exata, boa parte da água da Terra é mais velha do que o Sol. Ela se formou no espaço interestelar, onde flutuava como cristais de gelo antes de ser capturada pela nebulosa solar.

Para investigar qual das três fontes é mais provável (ou se todas podem ter contribuído), os cientistas examinaram a composição química precisa da água encontrada na Terra. Sua origem pode ser indicada pela proporção de "água pesada" — água feita com hidrogênio "pesado"

Mosaico de piso romano mostra Oceano, o deus grego do mar (à direita) e sua consorte, a deusa Tétis. Oceano foi o originador e o governante dos mares. Tétis era a mãe das nuvens de chuva, e seus filhos eram os deuses e as ninfas dos rios e torrentes, sugerindo algum entendimento do ciclo da água há mais de 2.500 anos.

ou deutério (ver o quadro ao lado) — que está presente.

A proporção de água pesada encontrada hoje na Terra é muito mais baixa do que a proporção existente nos cometas. Os cometas Halley e Hyakutake, por exemplo, contêm o dobro da quantidade de água pesada encontrada nos oceanos da Terra. Isso significa que toda a água da Terra não pode ter resultado de choques aleatórios com cometas.

A possibilidade de ter sido trazida pela colisão de meteoritos também foi eliminada, pois a água da maioria dos meteoritos contém certa quantidade do gás raro xenônio — cerca de dez vezes mais do que na água da Terra.

DE ROCHA A OCEANO

> **ÁGUA PESADA**
>
> Todas as moléculas de água são feitas de dois átomos de hidrogênio e um de oxigênio, dando a fórmula H_2O. Mas nem todos os átomos de hidrogênio são idênticos. O hidrogênio normal tem um único próton no núcleo, com massa atômica 1. Uma variante do hidrogênio chamada deutério também tem um nêutron no núcleo e massa atômica de 2. Na molécula de água, um ou dois átomos de hidrogênio podem ser substituídos por deutério. Se só um for substituído, o composto se chama água semipesada (e pode ser escrito como HDO). A água pesada é D_2O. A água pesada tem ponto de congelamento e fervura um pouquinho acima da água comum e é 10% mais densa; o gelo de água pesada afunda na água comum.

Em 2014, foi descoberto que a razão de água pesada de nosso planeta corresponde à encontrada em meteoritos que se soltaram do asteroide Vesta e caíram na Terra. A composição de Vesta foi efetivamente "trancada" 14 milhões de anos depois do início do sistema solar, quando o asteroide congelou, e representa material rochoso inalterado desde a época em que a Terra tinha entre um quarto e metade do tamanho atual. Como a Terra e Vesta se formaram na mesma região do sistema solar, essa descoberta indica que uma parte substancial da água da Terra ficou presa dentro do planeta durante sua formação.

Ainda há água presa nas rochas derretidas do manto terrestre. Em 1995, o trabalho de Peter Ulmer e Volkmar Trommsdorff, da Suíça, revelou que os minérios entre 150 e 200 km sob a superfície podiam conter água; a modelagem recente por computador indica que a água pode existir a até 660 km sob a crosta da Terra.

A atmosfera primordial continha grande quantidade de vapor d'água. Ele se condensou e formou nuvens; quando as condições foram propícias, as nuvens produziram chuva. Quando caía em rochas cuja temperatura estava abaixo do ponto de fervura da água, a chuva escorria para as áreas mais baixas, onde empoçava. Durante dezenas de milhões de anos, essas poças cresceram e viraram oceanos. Os indícios dos cristais de zircônio, fragmentos de rocha mais antigos a sobreviver, indicam que os oceanos da Terra existiam há 4,3 bilhões de anos.

Provavelmente, a chuva caiu durante séculos para formar os oceanos.

TERRA, AR E ÁGUA

Os primeiros oceanos da Terra seriam iguaizinhos aos de hoje; essa foto poderia ter sido tirada há 3,8 bilhões de anos.

O acréscimo da química

Substâncias químicas das rochas e do ar se dissolveram nesses grandes corpos d'água, tornando os oceanos ácidos (pelo cloro e pelo dióxido de carbono) e salgado (pelos minerais). Mas, apesar de alguma variação com o tempo, o volume e a salinidade dos oceanos da Terra permaneceram praticamente os mesmos. A salinidade aumentou e diminuiu, mas o mar não se tornou constantemente mais salgado, como Edmund Halley supunha. A temperatura dos oceanos muda com o clima global, e eles já foram mais quentes e mais frios do que hoje.

Questão candente

A Terra esfriou de fora para dentro, mas ainda era quente sob a superfície. A primeira rocha provavelmente foi uma papa de basalto, com talvez 100 km de espessura, pousada sobre uma mistura de rochas derretidas e semiderretidas chamada de magma.

As primeiras rochas do magma a se solidificarem na superfície da Terra provavelmente eram ricas em magnésio e ferro (ultramáficas ou ultrabásicas). Elas formaram retalhos de crosta fina; como subia o tempo todo, o magma quebrava a crosta. Isso resultou em zonas de subducção, em que torrões da crosta eram puxados para baixo (por serem mais densos do que a rocha derretida que subia) e se derretiam outra vez. A rocha máfica é rica em ferro; quando voltava a se derreter, parte do ferro afundava. Com o tempo, a crosta passou a conter muita sílica, formando rocha félsica, mais leve.

Há outras explicações possíveis para a formação de pedaços contínuos de rocha. Uma é que a rocha se espessou de baixo para cima, seja pelo magma que subia, se acumulava e se endurecia sob ela, seja pela rocha subduzida que não se derretia e se abrigava sob ela (subcamação).

A subducção ao longo de fraturas na crosta em surgimento acabou produzindo os primeiros arcos de ilhas — cadeias de vulcões em que o magma sobe à superfície e endurece como rocha sólida. Como era félsico, esse novo magma não se subduzia facilmente, porque não era muito mais

QUESTÃO CANDENTE

pesado e denso do que o magma subjacente. Aos poucos, os arcos de ilhas cresceram e se fundiram, aglomerando mais rochas nas bordas até se tornarem grandes massas de rocha silicatada. Essas ainda são visíveis nas áreas do escudo continental, grandes regiões estáveis com baixo relevo. Mais tarde, uma "plataforma" rochosa se formou em torno do escudo, e juntos eles formaram um "cráton". Essa evolução marcou o começo do éon Arqueano.

Os crátons nos ajudam a explicar como os continentes se formaram e reformaram. Esses nacos estáveis, centrais e primordiais (também chamados de "escudos") não subduzem e somem sob a crosta oceânica,

Uma crista de lava de basalto pré-cambriana, parte do escudo continental em Ontário, no Canadá.

A ROCHA MAIS ANTIGA DA TERRA

Embora toda a crosta primitiva tenha sumido da Terra, parte dela pode ter sido encontrada na Lua. Em 2019, cientistas da NASA descobriram uma lasca de rocha que acreditam ter se formado na Terra, foi lançada longe pela queda de um meteoro e acabou caindo na Lua. O pedaço foi trazido de volta pela tripulação da Apollo 14; é feito de quartzo e zircônio, minerais comuns na Terra, mas raríssimos na Lua. Ele se formou em condições que nunca existiram na Lua, só na Terra há quatro bilhões de anos. Nessa época, a Lua ficava a um terço da distância atual da Terra — um pulinho para detritos de impactos.

O clasto de felsito (indicado) nesse pedaço de rocha lunar provavelmente veio de um pedaço de rocha da Terra que caiu na Lua como meteorito.

TERRA, AR E ÁGUA

mas se desgastam e são erodidos. Há cerca de 30 a 40 crátons de vários tamanhos pelo mundo, mas provavelmente menos de 10% dos crátons atuais se formaram no Arqueano. No início do Arqueano, houve imensa atividade vulcânica e tectônica.

A palavra "cráton" vem de *Kratogen* (do grego *kratos*, que significa "força"), nome proposto pelo geólogo austríaco Leopold Kober na década de 1920 que foi abreviado para *kraton* por Hans Stille. Kober usou a palavra para descrever o

SITUAÇÃO RESOLVIDA

Hoje, a Terra tem uma crosta fria e sólida com até 50 km de espessura nas massas terrestres continentais, mas mais fina e densa sob o oceano. O manto é formado de magma, que tem mais ou menos a consistência do asfalto e flui devagar. É móvel o suficiente para haver correntes de convecção passando por ele.

O manto superior ocupa cerca de um quarto da profundidade do manto. Abaixo dele, o núcleo externo é feito de ferro líquido, enxofre e um pouco de níquel; sua temperatura é de 4.000-5.000°C. Bem no centro da Terra está o núcleo interno, feito da mesma mistura metálica, mas sólido. A 5.000-7.000°C, é mais quente do que o núcleo externo, mas sob tanta pressão que os átomos não têm espaço para se mover.

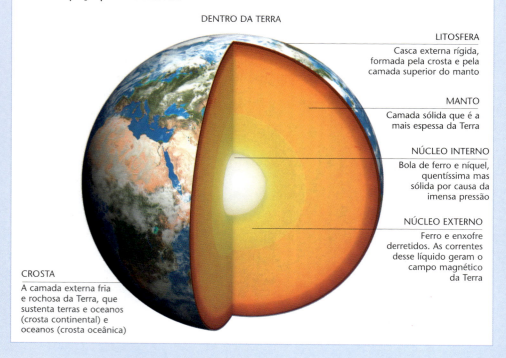

DENTRO DA TERRA

LITOSFERA
Casca externa rígida, formada pela crosta e pela camada superior do manto

MANTO
Camada sólida que é a mais espessa da Terra

NÚCLEO INTERNO
Bola de ferro e níquel, quentíssima mas sólida por causa da imensa pressão

NÚCLEO EXTERNO
Ferro e enxofre derretidos. As correntes desse líquido geram o campo magnético da Terra

CROSTA
A camada externa fria e rochosa da Terra, que sustenta terras e oceanos (crosta continental) e oceanos (crosta oceânica)

QUESTÃO CANDENTE

Distribuição dos crátons pré-cambrianos (alaranjado-escuro) pelos continentes modernos.

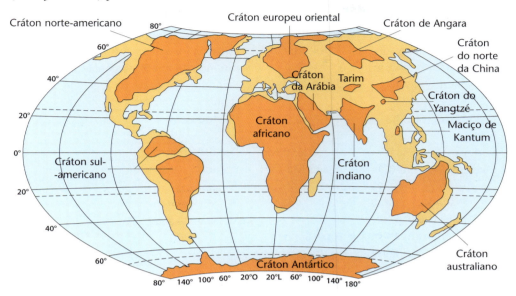

centro estável dos continentes, em torno do qual se formam zonas de subducção. Ele usou a palavra *oregen* para descrever uma área em que a superfície era ativa e mutável. Kober e Still acreditavam que as características da superfície da Terra — principalmente as montanhas — resultavam do encolhimento do interior do planeta ao esfriar. Isso forçou a crosta a se enrugar, pois havia superfície demais para envolver de forma homogênea um planeta menor. Essa é parte de um bem-elaborado ponto de vista contracionista da geologia da Terra, desenvolvido pelo geólogo inglês Oswald Fisher em 1841. A teoria foi muito influente, mas o próprio Fisher a abandonou em 1873 ao decidir que ela não conseguia explicar as irregularidades da superfície do planeta.

Formação de continentes

Não havia continentes no Arqueano, só crátons espalhados num oceano global. Mais tarde, quando esses crátons colidiram e se combinaram, começou a formação dos continentes. Os continentes continuaram a crescer conforme mais magma se depositava em suas bordas.

O primeiro continente que se acredita que existiu foi chamado de Vaalbara (em 1996), junção do nome dos dois crátons que o formaram: Kaapvaal, hoje na África do Sul, e Pilbara, hoje na Austrália. Podem ter se unido há uns 3,8 bilhões de anos, formando um continente pequeno que, mesmo assim, é chamado de supercontinente porque era a única massa de terra significativa na época (os supercontinentes precisam conter pelo menos 75% da massa terrestre do planeta). A existência de Vaalbara é especulativa; alguns geólogos preferem Ur, supercontinente que teria se formado cerca de três bilhões de anos atrás. Descrito como supercon-

59

TERRA, AR E ÁGUA

NOME	FORMAÇÃO	SEPARAÇÃO	LOCAL ATUAL DOS CRÁTONS
? Vaalbara	3,6 Ba	2,8 Ba	Sul da África, noroeste da Austrália
? Ur	3 Ba	200 Ma	Índia, Madagascar, Austrália
Kenorland	2,7 Ba	2 Ba	América do Norte, Groenlândia, Escandinávia, oeste da Austrália, deserto do Kalahari
Colúmbia/Nena	1,8 Ba	1,3 Ba	Por toda parte
Rodínia	1 Ba	750-650 Ma	Por toda parte
Pangeia	450-320 Ma	185 Ma	Por toda parte

tinente por abranger quase toda a terra disponível, Ur tinha mais ou menos o tamanho da Austrália.

Depois de Ur, os supercontinentes foram e vieram, sua localização e tamanho hoje são incertos. Rodínia, o primeiro supercontinente incontestе, se formou há cerca de um bilhão de anos. Acredita-se que era formado por Ur com o acréscimo de dois não supercontinentes chamados Atlântica e Nena. Talvez também tenha havido um supercontinente de vida curta (60 milhões de anos) chamado Panótia entre Rodínia e Pangeia. Acredita-se que se formou quando duas grandes massas terrestres ficaram à deriva uma ao lado da outra, em vez de colidir com força lenta mais implacável, à maneira usual da construção de supercontinentes.

Identificação de supercontinentes

A história dos supercontinentes só começou a ser montada no início do século XX, quando os geólogos descobriram a deriva continental. A existência de Pangeia foi proposta por Alfred Wegener em 1912; os indícios de Rodínia começa-

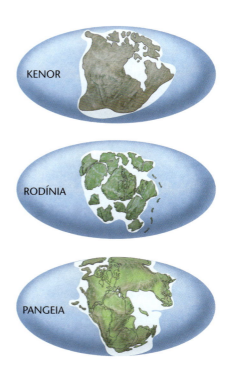

Os supercontinentes Kenor, Rodínia e Pangeia, formados enquanto a Terra se separava e voltava a se unir.

TUDO JUNTO

ram a surgir na década de 1970 (o supercontinente foi propriamente descrito em 1990); e Colúmbia foi descrito em 2002.

As únicas massas terrestres que temos hoje são não supercontinentes. Se a humanidade moderna não fosse influenciada pela geopolítica, poderíamos considerar as Américas do Sul e do Norte como um só continente, com o bloco imenso de Ásia, Europa e África formando outro. Só seria preciso fechar o estreito de Bering para criar um supercontinente.

Os supercontinentes mais famosos e recentes são Gondwana (hoje África, Índia, Madagascar, Austrália e Antártica) e Laurásia (Europa, Ásia e América do Norte), que resultaram quando o grande supercontinente Pangeia se rompeu. Gondwana é anterior a Pangeia e foi uma de suas massas terrestres. Finalmente, Gondwana se decompôs entre 140 e 45 milhões de anos atrás.

Ainda não acabou

A formação e a destruição de supercontinentes continuam hoje em dia. As massas terrestres continuarão a se deslocar por bilhões de anos. Os geólogos preveem que o próximo supercontinente pode se formar com o fechamento do Oceano Pacífico, criando a "Novopangeia", enquanto o fechamento do Atlântico criaria "Pangeia Última". Um modelo um pouco diferente supõe que tudo irá para o norte, as Américas se unindo e colidindo com a Eurásia em torno do Polo Norte para formar a "Amásia".

Tudo junto

A localização e o agrupamento de massas terrestres têm impacto significativo sobre o clima e os oceanos da Terra. Obviamente, o tamanho e a posição dos oceanos são ditados pelo tamanho e pela posição da Terra. A profundidade dos oceanos é afetada pela temperatura; e a composição da atmosfera afeta a terra e o oceano. Os oceanos também são afetados pelas marés criadas pela Lua, que tem se afastado progressivamente da Terra nos últimos 4,5 bilhões de anos.

Quando toda a terra se reúne perto do equador, como aconteceu no supercontinente Rodínia, a Terra tende a esfriar. Isso acontece porque a terra continental reflete

Representação artística do litoral de Kenor, com algas fotossintetizadoras simples no mar raso.

TERRA, AR E ÁGUA

mais calor de volta ao espaço do que a água do oceano. As chuvas tropicais, caindo sem parar sobre a terra, erodiram as rochas e provocaram reações químicas que removeram o dióxido de carbono da atmosfera (ver a página 173). Isso aumentou o efeito resfriador, até a Terra mergulhar no estado congelado da "Terra Bola de Neve" (ver as páginas 125 e 126). A interação entre clima e massas terrestres também teve impacto significativo na vida, como veremos no capítulo 6; por sua vez, a vida afetou o clima e a paisagem.

Lá no fundo

A força que impulsionou a evolução da Terra e o movimento das massas terrestres foi o calor interno. A primeira pessoa a desconfiar disso foi James Hutton, no século XVIII. Depois de passar anos observando a estrutura terrestre e o efeito do vento e da erosão climática, ele concluiu que o planeta é quente por dentro e que o calor produz forças que alteram e deformam a terra. A ideia de Hutton de que a Terra poderia ser quente sob a superfície foi a primeira abordagem científica da possível estrutura interna do planeta.

Em terra firme?
Embora hoje nos pareça óbvio que a Terra é sólida, há muitos mitos e histórias

Abaixo: O artista italiano Sandro Botticelli (1445-1510) representou o Inferno em camadas, chegando bem fundo no subterrâneo, como descrito pelo poeta Dante.

LÁ NO FUNDO

À direita: O modelo da Terra de Kircher tinha espaço interno para câmaras e canais de fogo e água.

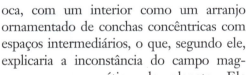

religiosas que apresentam um ponto de vista diferente, com noções de um submundo ou Inferno. Mesmo que a Terra não abrigue um submundo, não fica claro, pela observação da superfície, se ela é igual de um lado a outro.

A primeira proposta de que a Terra não é sólida e homogênea surgiu em 1664, na obra do polímata e acadêmico jesuíta alemão Athanasius Kircher. Seu *Mundus Subterraneus* descrevia um imenso fogo central no coração da Terra. A obra defendia a noção de que a terra sob os nossos pés está em cima de lagos e câmaras subterrâneos de lava (ver as páginas 106 e 107). Embora pareça presciente, ele não acertou tudo: supôs que a água era sugada num buraco no Polo Norte, aquecida na fornalha central e expelida com força no Polo Sul.

Em 1692, o astrônomo Edmund Halley delineou a teoria da Terra oca, com um interior como um arranjo ornamentado de conchas concêntricas com espaços intermediários, o que, segundo ele, explicaria a inconstância do campo magnético do planeta. Ele raciocinou que não podia haver nada se movendo na rocha sólida que tornasse o campo magnético irregular e explicou o fenômeno abrindo mão da rocha. Ele teorizou uma casca externa de uns 800 km de espessura, com mais duas cascas concêntricas e, finalmente, uma esfera central sólida. Os espaços intermediários, disse, estavam cheios de ar. O diâmetro das cascas internas e da esfera central correspondia ao diâmetro de Mercúrio, Vênus e Marte.

Edmund Halley segura um pedaço de papel que representa seu modelo do interior da Terra.

63

TERRA, AR E ÁGUA

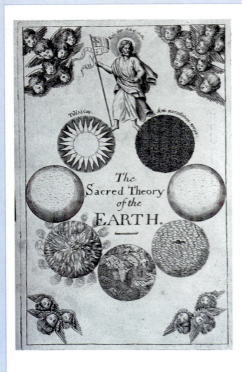

O TANQUE D'ÁGUA DE DEUS

Em *Teoria sagrada da Terra*, publicado em 1680-1689, o reverendo Thomas Burnet defendia que a Terra era o remanescente arruinado de um mundo paradisíaco antediluviano. Ele tentou explicar sua história registrada pelas Escrituras, mas em termos científicos. Começou com a premissa de que o relato bíblico da Criação era verdadeiro, mas a ciência indicava que não havia água suficiente na Terra para afogar o planeta num dilúvio global. Portanto, ele decidiu que tinha de haver água extra em algum lugar, e o lugar lógico era o subterrâneo. Burnet concluiu que Deus guardara um depósito de água sob a crosta da Terra, caso houvesse necessidade de provocar uma inundação mundial. A água seria liberada no momento adequado com a criação de uma rachadura na superfície.

O frontispício da Teoria sagrada *de Burnet mostra a história do mundo, do caos nas trevas até uma Terra lisa e sem acidentes geográficos, o dilúvio (com a arca de Noé visível), os continentes modernos (embaixo) e depois uma conflagração global.*

Halley estimou que a casca interna era forrada com uma "matéria magnética", que explicava as anomalias que o incomodavam. A gravidade mantinha a estrutura intacta e impedia que a esfera interior chocalhasse e colidisse com as paredes das cascas externas.

Halley chegou a supor que o espaço vazio dentro da Terra estivesse cheio de criaturas vivas. Ele imaginou que o interior era "repleto de tantas partículas salinas e vitriólicas" que quaisquer lacunas da casca externa seriam tapadas para evitar o ingresso de água.

Jornadas ao interior

Desde a época de Halley, outros foram seduzidos pela teoria da Terra oca. Em 1818, John Cleves Symmes Jr., oficial do exército americano, publicou um folheto em que afirmava que "a Terra é oca e habitável por dentro, contendo várias

LÁ NO FUNDO

esferas concêntricas sólidas, uma dentro da outra, e é aberta nos polos a 12 ou 16 graus". Até sua morte em 1829, ele fez uma campanha de apoio a uma expedição para explorar esse mundo interior.

O norueguês Olaf Jansen afirmou ter navegado por uma entrada da Terra Interior no Polo Norte em 1811. Ele descreveu ter vivido lá dois anos com uma raça de super-humanos que tinham 3,6 metros de altura. Dizem que o líder nazista Adolf Hitler também acreditava na Terra oca; outros nazistas graduados acreditavam com certeza e parece que, em algum momento, prepararam uma expedição. Hoje há teóricos da conspiração da Terra oca, que se esforçam para defender essa noção contra o duplo massacre da ciência e do bom senso.

A vida por dentro

Enquanto Halley vislumbrava criaturas desconhecidas vivendo no interior do globo terrestre, o médico e alquimista americano Cyrus Reed Teed pôs todos nós no lado de dentro. Teed vivia realizando experimentos pouco convencionais e, depois de dar a si mesmo um choque elétrico tão forte que desmaiou, ele percebeu, ao acordar, que era o Messias. Mudou seu primeiro nome para Koresh, refutou a noção de que a Terra gira em torno do Sol e apresentou sua teoria do universo, chamada Cosmogonia Celular. Ele inverteu o modelo usual da Terra coberta por uma cúpula astral e pôs a Terra na superfície interna de uma esfera,

O modelo da Terra de Koresh punha os continentes no interior de uma esfera voltada para o cosmo em seu interior.

65

TERRA, AR E ÁGUA

voltada para uma esfera central contida que representa o céu. Teed fundou uma seita chamada Koreshan Unity, cujos seguidores acreditavam que adquiririam a imortalidade pela prática do celibato e do comunismo. A maior parte da seita se dissolveu depois da morte do fundador em 1908.

Terra magnética

A ideia de que parte do interior da Terra poderia ser de ferro foi proposta em 1600 pelo físico inglês William Gilbert, que descobriu o campo magnético da Terra. Com uma bola de ferro imantada, ele verificou que o padrão de linhas magnéticas em torno dela combinavam com os padrões obtidos pela agulha móvel de uma bússola em diversas partes da superfície do planeta. Isso indicava que a Terra é um imenso ímã e, portanto, deve ser feita de ferro. Quando mais dados foram coletados, ficou visível que o campo magnético da Terra derivava para oeste.

Em 1692, Halley sugeriu que uma camada fluida entre a crosta da Terra e seu núcleo permitia que este girasse em velocidade diferente do resto do planeta, o que poderia explicar a discrepância. O campo magnético foi explicado em 1946 por Walter Elsasser, que afirmou que a Terra é um dínamo geomagnético. O fluido em movimento no exterior do núcleo gera correntes elétricas, da mesma maneira que um dínamo gera eletricidade.

Ondas na rocha

Embora os indícios de vulcões sugerissem uma camada líquida em algum ponto sob a superfície da Terra, os físicos do século XIX, principalmente Kelvin, teorizavam que, se a subsuperfície fosse líquida, o efeito de maré produzido pela Lua romperia a Terra. Kelvin organizou experimentos para verificar o movimento vertical da superfície causado pelas marés

A caneta suspensa do sismógrafo é sacudida por terremotos e tremores e traça uma linha no papel preso num tambor giratório.

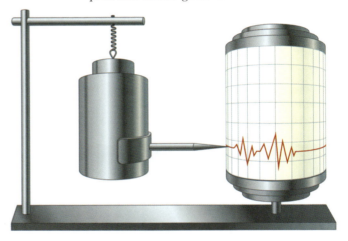

e concluiu que a Terra era "rígida como aço".

Acontece, porém, que a Terra transmite suas próprias ondas. No fim do século XIX, o geofísico prussiano Emil Wiechert embarcou num trabalho pioneiro para investigar como as ondas sísmicas se propagavam pela Terra. Há correntes de convecção no manto fluido, e elas transmitem ondas sísmicas. Os terremotos e as ondas de choque produzidas por eles foram fundamentais para descobrir a estrutura do planeta. Pela comparação

ONDAS NA ROCHA

de leituras em diversos lugares horas após um terremoto, os sismólogos conseguem calcular como a energia se move pelos diversos tipos de material que formam a estrutura profunda da Terra.

Em 1896, Wiechert publicou sua teoria de que a Terra tem uma camada externa rochosa e um núcleo de ferro, deduzida a partir da diferença entre a densidade calculada do planeta e a densidade medida das rochas da superfície. Sua teoria foi confirmada em 1906 pelo geólogo inglês Richard Dixon Oldham, que descobriu que a velocidade com que as ondas de energia sísmica de um terremoto viajam aumenta com a profundidade — mas só até certo ponto. Abaixo dele, as ondas se desaceleram consideravelmente, o que indica que estão atravessando uma substância diferente.

Oldham concluiu que elas eram desaceleradas por um núcleo muito mais denso do que o que havia em volta, provavelmente feito de ferro.

Busca de fronteiras

Em 1910, o sismólogo croata Andrija Mohorovičić identificou um ponto em que a velocidade das ondas sísmicas muda de repente, e o ligou à densidade. A descontinuidade, que hoje se reconhece que varia entre 10 km sob o oceano e 50 km sob a terra continental, se chama descontinuidade de Mohorovičić (ou "Moho") e é a divisão entre a crosta e o manto.

Outra descontinuidade surgiu pouco depois. Em 1912, Beno Gutenberg, aluno de Wiechert, descobriu que a velocidade das ondas sísmicas muda consideravelmente a uma profundidade de 2.900 km. Ele a identificou como a fronteira entre o manto e o núcleo (a descontinuidade de Gutenberg). Portanto, demonstrou-se de forma conclusiva que a Terra tem três camadas: o núcleo no centro, um manto espesso de rocha semiderretida e uma crosta dura.

Restava uma pergunta importante: o núcleo era sólido ou líquido? A questão foi respondida em 1926 por Sir Harold Jeffreys, que mostrou que a rigidez média do manto é muito maior do que a rigidez média do planeta inteiro. Isso tinha de ser compensado por uma área de rigidez muito menor, que só podia estar no núcleo.

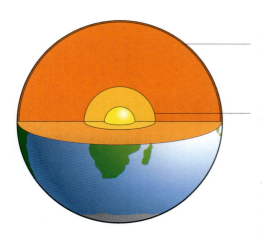

A descontinuidade de Mohorovičić (Moho) é a fronteira entre a crosta e o manto.

A descontinuidade de Gutenberg é a fronteira entre o manto e o núcleo externo.

As fronteiras entre as camadas do interior da Terra mudam a velocidade das ondas sísmicas. A partir daí, os cientistas calcularam a profundidade das descontinuidades.

Mas não foi o fim da história. Onze anos depois, em 1937, a sismóloga dinamarquesa Inge Lehmann mostrou que há um núcleo interno sólido dentro do núcleo externo líquido. Ao estudar registros de sismógrafo de um grande terremoto ocorrido na Nova Zelândia em 1929, ela descobriu que algumas ondas penetraram até certo ponto no núcleo da Terra e depois foram desviadas. Ela sugeriu que essa fronteira era entre o núcleo líquido e o núcleo interno sólido. A teoria foi confirmada em 1970, quando sismógrafos mais sensíveis registraram as ondas se refletindo no núcleo interno. A fronteira é chamada de descontinuidade de Lehmann.

Os geofísicos desconfiam que há um núcleo ainda mais interno também diferente, embora nem tanto. Acredita-se que tenha 1.180 km de diâmetro e seja feito de ferro, mas com uma estrutura cristalina diferente da parte externa do núcleo interno. O núcleo interno estaria crescendo no ritmo de cerca de um milímetro por ano pela cristalização do material na fronteira com o núcleo externo.

Inge Lehmann deduziu a existência do núcleo interno pelo estudo das ondas sísmicas.

Camada após camada

As camadas de núcleo interno e externo, as regiões superior e inferior do manto, crosta e atmosfera são as divisões químicas essenciais da estrutura do planeta. Elas também podem se dividir de acordo com o comportamento físico das rochas sob pressão e temperatura diferentes. O núcleo interno e o externo permanecem os mesmos, mas o manto e a crosta são divididos em mesosfera (manto inferior), astenosfera (a maior parte do manto superior) e litosfera (a parte de cima e mais sólida do manto e da crosta). A

A PEÇA FINAL

O núcleo interno da Terra se formou relativamente tarde na história do planeta. As estimativas variam, mas um estudo de 2015 data sua formação de 1 a 1,5 bilhão de anos atrás. O aumento súbito da força do campo magnético da Terra registrado nas rochas foi interpretado como evidência de que o núcleo começou a se solidificar. O estudo também indica que o núcleo esfria mais devagar do que se pensava.

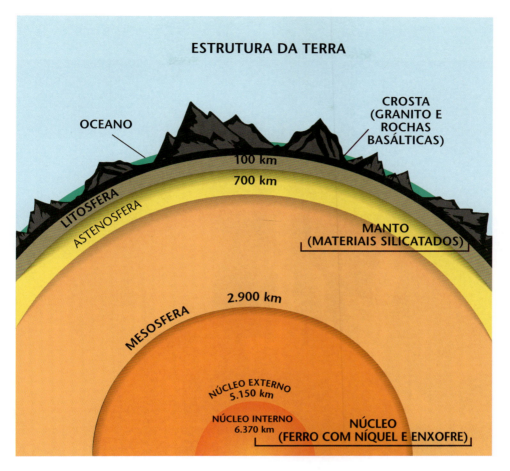

litosfera interage com a atmosfera (gases), a hidrosfera (água), a criosfera (gelo) e a biosfera (coisas vivas).

Diversas maneiras de representar as camadas externas da Terra, mostrando a profundidade da parte inferior de cada camada.

Prontos!

Apenas algumas centenas de milhões de anos depois do início do sistema solar, a Terra estava pronta para começar sua evolução até o planeta que conhecemos hoje. Tinha uma única lua, uma atmosfera principalmente de dióxido de carbono e vapor d'água, oceanos líquidos no planeta inteiro e uma crosta rochosa que formava ilhas de granito prontas para crescer até virarem continentes. O interior era diferenciado, com um núcleo metálico e um espesso manto de rocha quente e pastosa. Bem possivelmente, era fresca e bem agradável na maior parte do tempo; podia até estar pronta para abrigar suas primeiras formas primitivas de vida.

CAPÍTULO 4

Rochas
ANTIGAS

"Nós nos sentimos necessariamente levados de volta a uma época em que o xisto [rocha] em que estávamos ainda ficava no fundo do mar e em que o arenito à nossa frente mal começava a ser depositado sob a forma de areia ou lama, vindas das águas do oceano do supercontinente. [...] A mente parecia ficar zonza ao olhar tão para trás no abismo do tempo."

Geólogo e matemático
John Playfair, 1788

Há muito tempo, a pedra é análoga à estabilidade. As rochas da Terra parecem eternas e imutáveis. Mas as rochas mudam, tanto mecânica quanto quimicamente, e se dissolvem, crescem, se esfarelam e se metamorfoseiam no decorrer dos milênios. Em relação ao tamanho da Terra, a crosta rochosa é fina como a casca de uma maçã, mas foi nela que o resto da história do planeta se desenrolou.

Um monólito de arenito resiliente se eleva acima do deserto calcário do planalto de Ustyurt, no Cazaquistão. A paisagem foi criada por deposição e erosão de rochas durante milhões de anos.

ROCHAS ANTIGAS

No mundo inteiro

Quando a Terra esfriou, rochas ígneas se formaram a partir do magma resfriado; outros tipos de rocha surgiram com o passar do tempo. A ação do vento, do clima e das ondas quebrou algumas rochas ígneas e as moeu em poeira ou areia, que se misturou com água para formar argila. O pó e a argila foram esmagados sob grande pressão para formar as primeiras rochas sedimentares (ver quadro). Quando aquecida (mas não completamente derretida) e comprimida, a rocha sedimentar ou ígnea pode sofrer alterações físicas e produzir a rocha metamórfica. Se a rocha se derrete completamente e volta a se formar, vira rocha ígnea.

A composição do magma é muito variada, e há diversos tipos de rocha ígnea. Regra geral, as massas terrestres continentais contêm muito granito, rocha

TIPOS DE ROCHA

Os geólogos agrupam as rochas em três tipos principais, de acordo com sua formação.

A rocha ígnea começa derretida (como magma) e se solidifica. Há duas categorias: extrusiva e intrusiva. A rocha ígnea extrusiva resulta do escorrimento do magma como lava pela atividade vulcânica e seu endurecimento no chão. Essas rochas esfriam depressa e têm grãos cristalinos finos; quando esfriam depressa demais, são amorfas, sem grão nenhum. Entre os exemplos estão basalto, pedra-pomes e obsidiana. A rocha ígnea intrusiva, como o granito e o gabro, se forma quando o magma endurece sob a superfície. Essa rocha esfria devagar e cria cristais grandes e diferenciados. Em geral, é fácil ver os grãos separados de quartzo e feldspato no granito, por exemplo.

Obsidiana, uma rocha vulcânica preta sem granulação, no Monumento Vulcânico Nacional de Newberry, no Oregon, EUA.

DIVERSOS USOS

ígnea que endureceu sob a superfície, e o leito do mar é formado principalmente de basalto, rocha ígnea que subiu como magma e se solidificou ao se expor à água do mar. Há cerca de setecentos tipos de rocha ígnea, em geral duras e pesadas. As rochas metamórficas existem em bolsões por toda parte, e as sedimentares cobrem cerca de 75% da superfície da Terra, sobrepostas ao leito ígneo.

Diversos usos

Nossos ancestrais tinham muito interesse pelas rochas que achavam no chão. Alguns tipos de rocha ou solo podiam ser usados para fazer pigmentos para pintar ou tingir tecidos e cerâmica. Alguns produziam metais como ferro, cobre ou ouro. Outros eram duríssimos e úteis para construir. Alguns soltavam lascas com facilidade e podiam ser transformados

A rocha sedimentar se forma num processo de quatro estágios: o desgaste das rochas as decompõe em pedacinhos; o material mais fino é transportado, em geral pela água; em seguida, é depositado; os sedimentos são compactados sob pressão e se tornam rocha. A rocha sedimentar pode conter material orgânico, como o corpo ou as conchas de animais ou matéria vegetal. Entre os exemplos, estão gesso, calcário, arenito e argila. As primeiras rochas sedimentares não continham material orgânico, ou talvez apenas o corpo minúsculo dos primeiros micro-organismos (ver a página 123).

A rocha metamórfica se forma quando a rocha ígnea ou sedimentar é alterada (metamorfoseada) pelo calor e/ou a pressão. A rocha enterrada é submetida a grande pressão e alta temperatura. As mudanças químicas e físicas produzem as rochas metamórficas. Elas podem ser foliadas, ou seja, com camadas ou faixas visíveis, ou não foliadas. Exemplos de rocha metamórfica são o mármore (do calcário), não foliado, e a ardósia (do xisto), que é foliada e se quebra facilmente em folhas.

Acima: O arenito é uma rocha sedimentar disposta em camadas claramente visíveis.

À direita: O mármore é uma rocha metamórfica comum na Europa. Aqui, ela forra a costa da ilha de Thassos, na Grécia.

ROCHAS ANTIGAS

em ferramentas. Não surpreende que encontremos tentativas de classificar e descrever rochas e minerais nos primeiros textos protocientíficos.

Os gregos e as pedras preciosas

A primeira pessoa conhecida a estudar e descrever diversos tipos de rochas e minerais foi o filósofo grego Teofrasto (c. 371-287 a.C.). Nascido na ilha de Lesbos, ele se mudou para Atenas para estudar na Academia fundada por Platão. Quando Platão morreu, Aristóteles assumiu a Academia e, depois que este fugiu de Atenas, Teofrasto administrou a escola durante 36 anos. Mais conhecido pelo seu trabalho sobre botânica, Teofrasto também escreveu *Sobre as pedras*, um tratado sobre rochas e pedras preciosas, e uma obra perdida intitulada *Sobre a mineração*.

Teofrasto aceitava a formulação criada por Aristóteles em seu tratado *Meteorologica* de que todas as substâncias terrenas se compõem de quatro elementos (terra, água, ar e fogo), com propriedades combinadas de calor, frio, secura e umidade. Aristóteles acreditava que os metais eram o resultado da solidificação de exalações úmidas da terra, e os minerais eram o produto de exalações secas e gasosas. Essa ideia de um contraste entre as fontes secas e úmidas de substâncias mineralógicas sobreviveria por uns dois mil anos, surgindo de forma diferente no século XVIII (ver as páginas 76 a 78).

Sobre as pedras descreve a aparência, os usos e as propriedades físicas de pedras, terras e minerais. A discussão da origem se restringe principalmente à sua extração ou formação a partir de rocha e água, embora se observe que uma pedra preciosa, o lingúrio, teria se cristalizado a partir da urina de um lince (ver quadro na parte de baixo da página ao lado). A maioria dos outros textos antigos e medievais sobre pedras examinava extensamente sua origem mítica e descrevia as supostas propriedades medicinais de determinados minerais.

Teofrasto observa de que modo as

Areia ocre em Roussillon, na França. O ocre, usado como pigmento, foi extraído daqui entre os séculos XVIII e XX.

DIVERSOS USOS

> *"Das substâncias formadas no chão, algumas são feitas de água, outras de terra. Os metais obtidos pela mineração, como prata, ouro e outros, vêm da água; da terra vêm as pedras, inclusive os tipos mais preciosos, e também os tipos de terra incomuns pela sua cor, suavidade, densidade ou qualquer outra qualidade."*
>
> Teofrasto, século III a.C., Sobre as pedras

À esquerda: Teofrasto tinha muitos interesses; a geologia era apenas uma das áreas em que trabalhou.

pedras se comportam quando aquecidas ou "queimadas" e quais atraem outros minerais. (Hoje sabemos que isso significa que são magnéticas ou podem ser induzidas a conter eletricidade estática.) Ele examina se são duras ou se esfarelam, como são extraídas, usadas e valorizadas e observa que algumas pedras são encontradas dentro de outras. Ele menciona um seixo, composto de dois tipos diferentes de pedra, que conclui "ainda não ter mudado inteiramente do estado aquoso". *Sobre as pedras* foi a obra mais racional sobre mineralogia durante quase dois mil anos.

> *"O lingúrio [...] é duríssimo, como pedra de verdade. Tem o poder da atração, assim como o âmbar, e alguns dizem que não só atrai palhas e cavacos de madeira, mas também cobre e ferro, se os pedaços forem finos, como Díocles costumava explicar. É frio e muito transparente, e é melhor quando vem de animais selvagens em vez dos domésticos e de machos do que de fêmeas; pois há uma diferença em sua comida, no exercício que fazem ou deixam de fazer e, em geral, na natureza do seu corpo, de modo que um é mais seco e o outro, mais úmido. Os mais experientes encontram a pedra escavando-a; pois, quando o animal produz água, ele a esconde jogando terra em cima."*
>
> Teofrasto, século III a.C., Sobre as pedras

Minérios e mineiros

A mineração foi uma das primeiras maneiras dos seres humanos de fazer mudanças permanentes na Terra. A capacidade de extrair e refinar metais impulsionou a fabricação de armas e ferramentas nas Idades do Ferro e do Bronze e, mais tarde, seria aproveitada no setor industrial do mundo moderno.

Com o advento dos tipos móveis e o aumento da alfabetização, as informações sobre mineração e os diversos tipos de rocha se espalharam mais. O estudioso e cientista alemão Georgius Agrícola (1494-1555) escreveu extensamente sobre mineração e geologia e estabeleceu a geologia como disciplina. Sua obra pioneira *Da natureza dos metais* classificava minerais, terras, pedras e metais com base em suas propriedades físicas.

Embora às vezes observasse a semelhança entre alguns fósseis e organismos, Agrícola não chegou a sugerir que eram seus restos orgânicos. (Na época, a palavra "fóssil" significava literalmente "coisa escavada" e não descrevia necessariamente algo de origem orgânica.) O reconhecimento de que alguns fósseis eram relíquias de coisas que já tinham vivido logo acrescentaria uma nova dimensão à geologia (ver a página 153).

O mais antigo mapa geológico do mundo foi feito três mil anos atrás. Mostra onde encontrar ouro no Egito.

AGRÍCOLA E HERBERT HOOVER

Agrícola escreveu em latim, como era costume na época. Seu *Da natureza dos metais* foi traduzido para o inglês em 1912 por Herbert Hoover, engenheiro de minas e, mais tarde, 31º presidente dos Estados Unidos. Lou Henry, esposa de Hoover, geóloga e especialista em latim, também trabalhou na tradução. A tarefa levou cinco anos para ser terminada.

NETUNISMO E PLUTONISMO

Netunismo e plutonismo

A declaração de Teofrasto de que os materiais encontrados no chão vinham da água ou da terra prefigurou no século XVIII um debate sobre a origem das pedras. Havia duas teorias opostas: o netunismo (com o nome do deus grego do mar) defendia que as rochas se formavam originalmente na água; o plutonismo (com o nome do deus grego do submundo) defendia que as rochas se formavam embaixo da terra por ação do calor.

Vulcões e fósseis

O abade italiano Anton Moro era geólogo e naturalista e estudava ilhas vulcânicas. Por volta de 1750, ele determinou que as rochas vulcânicas que estudava tinham vindo de dentro da Terra e se solidificado ao emergir (plutonismo). Moro foi o primeiro a distinguir as rochas vulcânicas que formavam as ilhas das rochas sedimentares depositadas depois e que continham fósseis. No livro *De crustáceos e outros corpos marinhos encontrados em montanhas*, ele escreveu que os fósseis de criaturas marinhas encontrados em rochas de montanhas não eram prova do dilúvio de Noé, mas de rochas que já tinham sido enterradas sob o mar.

Abraham Gottlob Werner (1749-1817), professor alemão de mineralogia em Freiburg, acreditava que a Terra primitiva se acumulara a partir de matéria cósmica e, a princípio, assumira a forma de um oceano rico em elementos dissolvidos. As rochas se formaram quando os minerais se cristalizaram e se precipitaram fora do oceano (netunismo). De

As colunas de basalto de Zlatý vrch, na República Tcheca, são exatamente como Moro disse: rocha que escorreu, derretida, de um vulcão e depois endureceu.

ROCHAS ANTIGAS

acordo com o seu modelo, a precipitação aconteceu numa sequência estrita, com as rochas mais duras e antigas, como granito e gnaisse, se formando primeiro, depois o basalto e, finalmente, as rochas sedimentares como o calcário. Depois que essas rochas se formaram, o nível do mar baixou, e algumas ficaram expostas. Imediatamente, as rochas começaram a se erodir, e assim passaram a formar as mais recentes rochas sedimentares, como o arenito.

Mas aí, em 1806, enquanto estudava a geologia do Tirol, região montanhosa da Áustria e do norte da Itália, o engenheiro de minas italiano conde Giuseppe Marzari-Pencati encontrou granito em cima do mármore. O netunismo considerava isso impossível, pois o granito era considerado a rocha mais antiga. Marzari-

Em geral, as pessoas usam as rochas encontradas em sua localidade. Essa estátua da Virgem Maria em Innsbruck, na Áustria, é feita de mármore, rocha comum nos Alpes.

ROCHAS SEDIMENTARES

Os geólogos reconhecem quatro categorias de rocha sedimentar:

As rochas sedimentares clásticas são feitas de pequenas partículas de rocha compactadas e depois cimentadas com silicatos. Dividem-se em três grupos por tamanho das partículas, relativas a cascalho, areia ou lama. Esta última tem partículas tão pequenas que a rocha nem parece particulada. O lodo fica entre as classes da areia e da lama, mas geralmente é agrupado com a lama.

As rochas sedimentares bioquímicas são formadas a partir de coisas vivas. Os principais exemplos são o calcário, feito de ossos e conchas de animais, ricos em cálcio; o carvão, feito de madeira; e o cherte, feito dos restos de organismos que usam silício para construir seu esqueleto (micro-organismos como diátomas e radiolárias).

As rochas sedimentares químicas se desenvolvem quando os minerais se precipitam de uma solução supersaturada — o sal-gema, por exemplo.

ROCHAS DE VIDA E MORTE

Pencati publicou seus achados em 1820, para consternação dos netunistas, e um deles, Leopold von Buch, sugeriu que um deslizamento de terras misturara a ordem das rochas. Mas seu argumento não suportou o exame. Os geólogos foram à região investigar, inclusive um dos maiores naturalistas do século, Alexander von Humboldt. O netunismo sofreria ainda mais com a obra de Charles Lyell na década de 1830.

Rochas de vida e morte

Na verdade, tanto a água quanto o fogo contribuíram para formar as diversas rochas que a Terra apresenta. O calor derrete e muda a rocha; ao mesmo tempo, a água transporta minerais dissolvidos pelas rochas e os deposita em veios, dissolve substâncias das rochas ou leva sedimentos até onde possam se acumular e, finalmente, formar rochas sedimentares. E há outra força em ação: a sequência biológica de vida e morte que transformou o corpo de organismos grandes e pequenos no decorrer de bilhões de anos. Como veremos no capítulo 7, a vida provocou mudanças imensas na Terra nos últimos quatro bilhões de anos, e algumas delas incluem configurar a própria substância do planeta e criar determinados tipos de rocha — calcário e carvão, especificamente.

A montanha de recifes

As Dolomitas são uma cadeia de montanhas na Itália, formadas principalmente de rochas sedimentares compostas de um mineral chamado dolomita, um carbonato de cálcio e magnésio [$CaMg(CO_3)_2$]. A rocha foi descoberta em 1791 por um naturalista francês com o nome extravagante de Déodat-Dieudonné-Sylvain-Guy-Tancrède de Galet de Dolomieu, quando caminhava pelos Alpes. Ele notou que, ao contrário do calcário comum, esse continha cristais que não reagiam ao ácido. A pedra finalmente deu nome às Dolomitas, que antes eram chamadas apenas de "montanhas pálidas". Os fós-

As "outras" rochas sedimentares incluem sedimentos dispostos por fluxos piroclásticos depois de erupções vulcânicas. (Fluxo piroclástico é a nuvem veloz de matéria vulcânica que se despeja sobre a paisagem e deposita cinzas.)

As pessoas aproveitaram a tendência do sílex (um tipo de chert) de soltar lascas para fazer armas e ferramentas.

ROCHAS ANTIGAS

seis lá encontrados revelaram que essas montanhas já tinham estado sob o mar, mas pouco se sabia do leito do mar e dos processos que poderiam ter acontecido.

A verdadeira natureza das Dolomitas foi descoberta por acaso e de forma dramática em 1770 pelo capitão James Cook quando ele encalhou seu navio, o HMS *Endeavour*, na Grande Barreira de Recifes do litoral australiano. Os recifes tinham sido descritos num artigo de 1704 apresentado à Royal Society de Londres:

"Há grandes bancos desse coral, ele é poroso e tão duro ou tão liso quanto o vertical, que cresce em pequenos ramos. Se aquele do qual falamos é totalmente adulto, outros crescem entre eles, onde ainda outros crescerão, até a estrutura toda ser tão dura quanto a rocha."

Georg Forster, naturalista alemão que viajou com Cook em 1772-1775, estudou os corais de atóis e ilhas vulcânicas. Ele descobriu que, embora um recife possa subir 300 a 600 metros acima do fundo do mar, o coral vivo só se encontrava nos metros superiores. Forster sugeriu que ou o recife crescia para cima a partir do leito do mar e o alto era erodido, criando um atol plano, ou a atividade vulcânica empurrava o coral para a superfície.

No século XIX, o naturalista Charles Darwin começou a explicar a conexão entre os atóis e o coral. Ele percebeu que os animais que formam o coral precisavam da luz do sol, o que explicava por que não há construção de coral em mar profundo. Ele conjeturou que os corais começam a colonizar os picos vulcânicos que estão afundando, mas ainda próximos da superfície do oceano. Conforme os vulcões descem lentamente, o coral continua a crescer perto da superfície, construindo em cima do coral existente, e a construção acompanha o ritmo do afundamento do vulcão. Darwin sugeriu que três características relacionadas — ilhas vulcânicas cercadas por recife, ilhas com barreiras de recifes e atóis — mostram estágios diferentes do mesmo processo.

Em 1868, o zoólogo alemão Carl Semper encontrou os três tipos de recife coexistindo na ilha de Palau, no Pacífico.

Visto de cima, um atol em Queensland, na Austrália, preserva claramente o formato da cratera de um vulcão.

Dez anos depois, o oceanógrafo John Murray sugeriu que o coral não se restringe aos montes vulcânicos, mas que colonizará qualquer estrutura submarina adequada. O geólogo americano Alexander Agassiz apoiava esse ponto de vista.

Finalmente, as Dolomitas foram reconhecidas como remanescentes de corais que já tinham crescido num mar quente. Hoje sabemos que foram construídas no período Permiano, há mais de 250 milhões de anos, e terminaram no meio da Europa quando a placa africana e a eurasiana colidiram, empurrando as montanhas do leito do mar para cima. Nas Dolomitas, há áreas da montanha quase totalmente formadas por criaturas vivas.

Camada após camada

Há muitos lugares onde é fácil ver que a rocha foi depositada em camadas ou estratos. O chinês Shen Kuo, o persa Ibn Sena e o italiano Leonardo da Vinci fizeram descobertas sobre a deposição e a erosão das rochas, mas foi o geólogo dinamarquês Steno que determinou, em 1669, os seguintes princípios da estratigrafia:

- As camadas de rocha se depositam em ordem, e a camada mais baixa é a mais antiga.
- A camada inferior se solidificou antes que a camada seguinte se depositasse.
- Qualquer coisa acima do estrato depositado tem de ser fluida (líquida ou gasosa).
- As bordas de um estrato têm de ser limitadas por algum outro sólido, senão o estrato se estenderia pelo mundo inteiro.

As Dolomitas são a evidência dos recifes de coral pré-históricos, hoje perdidos bem longe do mar.

- O que corta um estrato forçosamente se formou depois do estrato.

Steno também escreveu sobre a inclusão de um sólido dentro de outro, como, por exemplo, cristais, incrustações, fósseis, veios dentro de rochas e estratos. Ele propôs que os fósseis eram os restos de antigos organismos vivos e observou que o organismo que se solidifica empresta sua forma às camadas subsequentes. Portanto, ele raciocinou que os fósseis não poderiam se formar dentro da rocha sólida, como

ROCHAS ANTIGAS

antes se afirmava. Nos estratos, o formato das camadas inferiores determina o das que vêm por cima. Os cristais e veios que percorrem as rochas em geral são deformados pela necessidade de se encaixar nas lacunas ou pressões da rocha existente.

Embora ainda sejam pertinentes, os preceitos de Steno não explicam como as rochas se formam. O próximo passo importante foi dado por James Hutton, no fim do século XVIII, e disse respeito não só à formação das rochas como ao modo como são desgastadas.

Corroídas

A erosão é o desgaste e a remoção das rochas, em geral pela ação do vento, da água ou do gelo; o material removido é transportado e depositado como sedimento em outro lugar. O processo de erosão começa assim que qualquer rocha é exposta à água ou às condições climáticas e ocorreu bem cedo na história da Terra — assim que houve uma combinação de rocha sólida, água e atmosfera.

O trabalho do vento e da água

A água erode a rocha passando por ela, em geral carregando grãos ou pedras que desgastam a rocha pela abrasão constante. A água congelada, sob a forma de geleiras, faz isso com muita força. A geleira é uma massa de gelo que escorre devagar; é pesadíssima e pode arrastar tudo, de grãos de areia a rochedos. O vento carrega a poeira fina ou até grãos de areia bastante grandes, que lixam a superfície das rochas.

A Virgem das rochas, de Leonardo da Vinci (versão de Paris) inclui características geológicas observadas com precisão. A gruta é feita de arenito desgastado e cortado por uma camada de rocha mais dura. A formação vertical acima da cabeça da Virgem é de diabásio, uma rocha ígnea que formou uma intrusão no arenito quando se derreteu e se espalhou, formando uma faixa larga (ou soleira). Uma rachadura horizontal acima do diabásio marca o início da próxima camada de arenito depositado. O arenito é mostrado desgastado e arredondado, principalmente no telhado, onde o diabásio mais duro é resiliente e permanece angular. O arenito em primeiro plano tem camadas claras.

CORROÍDAS

Acima: O Grand Canyon foi cortado na rocha pelo rio Colorado no decorrer de 35 milhões de anos. As rochas dos penhascos foram ainda mais erodidas pelo vento e pela água.

À direita: A erosão pela água corrente produz um vale em forma de V, mas a erosão pelo movimento do gelo, sob a forma de geleira, produz um vale mais largo em U, como o do primeiro plano. Pequenas geleiras afluentes não erodem com tanta eficácia quanto as grandes geleiras, e quando o gelo recua elas podem deixar um "vale pendente", que acaba antes do piso do vale principal.

As rochas mais macias são escavadas com mais rapidez, o que pode causar formas interessantes quando estratos diferentes estão expostos.

O trabalho do clima
As condições climáticas reduzem a rocha, mas não incluem um agente de movimento para levar embora as partículas removidas.

ROCHAS ANTIGAS

À esquerda: Os hudus (chaminés das fadas) da Capadócia se formaram com a erosão da rocha macia pelo vento, deixando a rocha vulcânica mais dura. Aqui, a rocha dura forma um chapéu no alto de uma coluna de rocha mais mole.

Abaixo à esquerda: O agente de erosão mais poderoso é o gelo. A geleira se move devagar, mas é pesada e carrega consigo pedras e rochedos soltos, que, quando estão na parte de baixo da geleira, cortam sulcos na rocha, como aqui.

Os geólogos reconhecem três tipos de desgaste: químico, físico e biológico.

O **desgaste químico** é produzido pela ação da chuva. Em geral levemente ácida, a chuva dissolve a rocha carbonática. Quando o carbonato se dissolve, outros grãos da rocha ficam livres para cair.

O **desgaste físico** resulta da mudança de temperatura. Onde a água se infiltra nas rochas e congela, o gelo em expansão racha a rocha. A repetição do ciclo de congelamento e degelo pode esfarelar até grandes corpos rochosos. Nos desertos, as rochas se expandem e se contraem ao se aquecer e resfriar, e o estresse acaba causando rachaduras horizontais.

O desgaste biológico é causado por seres vivos. Por exemplo, uma árvore pode enfiar as raízes nas lacunas entre as rochas e rachá-las ao crescer. Líquens, algas e bactérias produzem substâncias químicas que dissolvem a superfície da pedra. Mariscos como o tambaco dissolvem ou raspam furos nas pedras para fazer seu lar.

Rocha reciclada

James Hutton foi o primeiro a sugerir que a Terra é o produto de éons de mudanças físicas. Ele reconheceu que os processos que configuram a Terra têm de ser lentíssimos e que nosso planeta devia ser muito mais velho do que em geral se acreditava. No estudo das formações rochosas da Escócia, onde vivia e cultivava, ele observou de que modo os estratos são organizados e as rochas são desfeitas, erodidas e depositadas num processo constante.

Hutton observou as rochas ao longo do litoral escocês de Berwickshire, onde

CORROÍDAS

Com seu martelo, o geólogo James Hutton examina estratos de rocha expostos.

> **JAMES HUTTON, 1726-1797**
> Geralmente chamado de "pai da geologia", James Hutton nasceu em Edimburgo, na Escócia, um de cinco filhos. O pai morreu quando ele só tinha 3 anos. Com 14, Hutton foi para a Universidade de Edimburgo, primeiro para estudar os clássicos e se tornar aprendiz de advogado, depois voltando sua atenção para a medicina e a química. Estudou na França e nos Países Baixos e retornou à Escócia, onde tinha herdado duas fazendas. Desenvolveu interesse pela geologia da região e pelo modo como a água e o clima afetavam a terra. Em 1767, voltou para Edimburgo e se dedicou ao interesse por geologia, fósseis e ciência experimental, forjando amizades com alguns dos principais intelectos da época, como o químico e físico Joseph Black, o economista Adam Smith e o filósofo David Hume.
>
> Em 1785, Hutton apresentou um influente artigo à Royal Society de Edimburgo (da qual foi um dos fundadores em 1783) para explicar a sua teoria de que a Terra foi configurada por poderosas forças geológicas no decorrer de muito mais anos do que em geral se acreditava. Ele descreveu um local próximo, Siccar Point, onde camadas de rochas confirmavam sua descrição de elevação e deformação.

diversos estratos estão expostos, e concluiu que nem os plutonistas, nem os netunistas tinham respondido corretamente a questão de como as rochas se formam. Ele viu que as rochas sedimentares são depositadas pela água, mas que as rochas ígneas são bem distintas e devem ter evoluído de outra maneira. Ele registrou os processos graduais de desgaste e erosão. Onde havia estratos desorganizados, não arrumados em camadas horizontais como ditava Steno, mas em ângulo e até dobrados, Hutton percebeu que alguma força poderosa movera a terra depois que a rocha tinha se depositado.

O promontório de Siccar Point, um marco local, ofereceu indícios abundantes. Ali, camadas verticais de xisto cinzento estão entre camadas horizontais de arenito vermelho. Hutton percebeu que o xisto cinzento foi depositado e depois

ROCHAS ANTIGAS

FALHAS E DOBRAS

Há dois tipos principais de perturbação dos estratos rochosos:

As **dobras** ocorrem quando as camadas são literalmente dobradas ou enrugadas e formam ondas.

As **falhas** ocorrem quando há rompimento das camadas e um pedaço inteiro de rocha desliza para baixo ou se inclina.

Acima: A dobra, resultante de pressão de baixo, produziu estratos ondulados nesse depósito de gnaisse.

À esquerda: Essas rochas na garganta de Seppap, no Marrocos, mostram uma falha clara: as rochas à esquerda deslizaram para baixo, de modo que as camadas não se alinham mais da esquerda para a direita.

---

alguma força ergueu e torceu toda a camada de rocha, que foi erodida e coberta pelo oceano. O arenito vermelho se depositou em cima das camadas reviradas. Outras mudanças fizeram o oceano desaparecer e a formação inteira foi parar no interior da Escócia.

Hutton concluiu que as rochas são criadas e destruídas num "grande ciclo geológico", que devia acontecer havia tempo demais para a Terra ter apenas 6.000 anos, como muitos acreditavam. Com clareza estonteante, ele escreveu que as rochas que vemos hoje são feitas de "matérias-primas fornecidas pelas ruínas de antigos continentes". Nesse ciclo, rochas e solo são arrastados da terra para o mar, onde são compactados nas rochas do fundo. Então, forças vulcânicas os empurram para cima até a superfície, onde acabam sendo desgastados de novo em sedimentos.

Hutton reconheceu que o processo é movido pelo calor interno da Terra, que opera em períodos longuíssimos. Ele sugeriu que a existência de vulcões e

CORROÍDAS

> *"A imaginação primeiro se fatigou e foi vencida no empenho de conceber a imensidão do tempo exigido para a aniquilação de continentes inteiros por um processo tão insensível."*
>
> Charles Lyell, geólogo escocês, escrevendo sobre as teorias de Hutton

fontes termais estava ligada a esse calor subterrâneo e teorizou que temperatura e pressão altas poderiam ter efeitos físicos e químicos. Entre os efeitos físicos, estavam a expansão da crosta terrestre e a pressão que empurrava as montanhas para cima e dobrava, inclinava e deformava as rochas. Os efeitos químicos poderiam formar granito, basalto e criar os veios de minerais diferentes que atravessam muitas rochas. Embora contivesse lacunas que só seriam preenchidas com a compreensão da tectônica no século XX, a descrição de Hutton foi uma espantosa façanha de dedução.

As rochas cinzentas muito inclinadas abaixo se formaram primeiro. Num período de 65 milhões de anos, embora nenhuma nova rocha se depositasse, falhas, dobras, elevações e erosões mudaram a camada de base. As rochas vermelhas mais novas foram depositadas em cima delas depois que o oceano cobriu a camada original.

UNIFORMITARISMO

Hutton formulou a noção de "uniformitarismo", que afirma que o mesmo processo opera agora como sempre operou e continuará a operar no futuro. Embora os processos geológicos sejam tão lentos que não os notamos, eles continuam avançando. Se conseguirmos medir, por exemplo, a taxa de formação das rochas sedimentares, poderemos calcular quanto tempo cada estrato específico de rocha levou para se formar, pois o processo não muda de natureza nem de velocidade de um éon a outro. O mais importante é que, como os processos não foram diferentes no passado, "o passado é a chave do futuro".

CAPÍTULO 5

A **TERRA**
Ativa

"*Água, fogo; fogo, água; mutuamente, por assim dizer, se acariciam; e, por um certo consentimento unânime, conspiram para a conservação do Geocosmo, ou o mundo terrestre.*"
Athanasius Kircher, 1665

O ciclo de formação das rochas revelado por James Hutton e geólogos posteriores só diz respeito à crosta, a superfície superior da Terra. Mas esse processo significa algo muito maior: o torvelinho eterno dentro do planeta.

As erupções vulcânicas fazem parte do processo de reciclagem das rochas do nosso planeta, com o magma interno emergindo como lava que endurecerá nas novas rochas da superfície.

A TERRA ATIVA

O calor trabalha

O uniformitarismo de Hutton foi um desafio ao modelo catastrofista predominante. Este último supunha que a Terra foi configurada por uma série de eventos súbitos ou catástrofes que produziram mudanças em curto período. Sustentava que o passado incluía pelo menos um grande dilúvio global, às vezes ligado a Noé. Outras catástrofes locais, como erupções, terremotos e tsunâmis, podiam ser testemunhadas mais recentemente e com mais regularidade. Em 1755, um terremoto catastrófico sob o Oceano Atlântico destruiu a cidade de Lisboa, em Portugal, e estava fresco na mente dos pensadores europeus.

O tipo de mudança geológica que se desenvolveu por milhões e até bilhões de anos resultam de eventos cataclísmicos, como os terremotos e as erupções vulcânicas, e das mudanças muito graduais que Hutton descreveu. Ao se referir ao calor e à pressão subterrâneos que causavam elevações, dobramentos, inclinações e falhas,

> ### O TERREMOTO DE LISBOA
> Em 1755, um terremoto perto da costa de Portugal provocou uma destruição devastadora em áreas de Portugal, Espanha e Marrocos. Os tremores foram sentidos até na Groenlândia. O terremoto foi seguido por um tsunâmi de 20 metros de altura que, possivelmente, chegou ao Brasil. O terremoto ocorreu no dia de Todos os Santos (1º de novembro), quando muitas casas e igrejas tinham velas acesas. A queda das velas provocou um incêndio que arrasou quase toda a cidade de Lisboa.
>
> Não se sabe com exatidão o número de mortos, mas a combinação de terremoto, tsunâmi e incêndio provavelmente matou de um sétimo a metade da população de Lisboa e um terço da população da cidade espanhola de Cádiz. O impacto na Europa foi dramático, pondo em dúvida a ideia de um Deus justo que comandava para melhor os assuntos humanos e toda a noção de uma Terra estável. Um dos resultados do terremoto foi o surgimento da sismologia como ciência ocidental, nascida da luta para entender a catástrofe.

Prédios caem depois que o terremoto de 1755 e a inundação do tsunâmi subsequente criaram o caos em Lisboa.

TERRAS EM MOVIMENTO

Hutton observava resultados que às vezes eram consequências fossilizadas de cataclismos passados e outras vezes resultado de mudanças lentas e implacáveis.

Terras em movimento

Enquanto a Terra esfriava e a crosta se solidificava e formava os primeiros continentes, o interior continuava a se mexer. As correntes convectivas do magma levavam material quente rumo à superfície enquanto a subducção fazia o material mais frio descer. O resultado desse movimento ficou visível muito antes que sua causa fosse conhecida.

Um quebra-cabeça primitivo

Com uma olhada rápida num mapa-múndi, fica claro que os contornos da África e das Américas se encaixam bem, como peças de um quebra-cabeça. Em 1596, o cartógrafo flamengo Abraham Ortelius comentou isso e conjeturou que as Américas tinham sido "arrancadas da Europa e da África [...] por terremotos e inundações".

Mais tarde, descobriram-se outras contiguidades entre os continentes. Em 1858, o geógrafo francês Antonio Snider-Pellegrini ressaltou os fósseis semelhantes encontrados em ambos os continentes. Havia vários tipos de fósseis de animais encontrados em faixas que atravessam a África e a América do Sul. Fósseis da planta *Glossopteris* se encontram na América do Sul, na África, na Índia, na Antártica e na Austrália, fato que levou o geólogo anglo-germânico Eduard Seuss a sugerir que essas massas terrestres já tinham sido unidas num continente que ele chamou de "Gondwanaland".

Mas como uma lacuna tão grande se abriu entre os continentes? Em 1912,

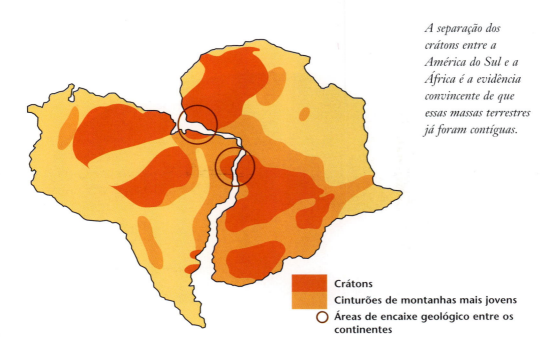

A separação dos crátons entre a América do Sul e a África é a evidência convincente de que essas massas terrestres já foram contíguas.

A TERRA ATIVA

Alfred Lothar Wegener, meteorologista e geofísico alemão, sugeriu a teoria da deriva continental em *A origem dos continentes e oceanos*. Seu interesse pelo alinhamento das massas terrestres começou em 1911, quando leu um artigo sobre fósseis de plantas e animais semelhantes encontrados nos dois lados do Atlântico. Ele decidiu procurar outros fósseis que combinassem nessas terras divididas e descobriu que eram muitos. A explicação predominante era de que houve pontes terrestres entre as massas hoje separadas, mas Wegener a achou insatisfatória.

Ele ampliou a busca além dos fósseis e encontrou características geológicas iguais separadas pelo oceano. Por exemplo, ele descobriu que os montes Apalaches do leste da América do Norte correspondem geologicamente às Highlands escocesas, e os estratos rochosos distintos do sistema de Santa Catarina, no Brasil, correspondem aos do Karroo, na África do Sul. Alguns crátons que hoje se sabe que têm

> "A hipótese de Wegener, em geral, é do tipo livre, pois toma uma liberdade considerável com o nosso globo e é menos presa a restrições ou tolhida por fatos feios e desajeitados do que a maioria das teorias rivais."
>
> Rollin T. Chamberlin

dois bilhões de anos são divididos por continentes muito separados. Wegener descobriu que os fósseis encontrados em algumas áreas, como as plantas tropicais encontradas na Antártica, são de organismos completamente inadequados para o clima atual da região.

Sua conclusão foi que, cerca de 300 milhões de anos atrás, todos os continentes estavam unidos uma única e grande massa terrestre, Pangeia. Ela se dividiu nos continentes atuais, que se afastaram à deriva. Mas Wegener não conseguiu sugerir nenhum mecanismo convincente

O supercontinente Pangeia, 200 milhões de anos atrás.

TERRAS EM MOVIMENTO

> **ALFRED LOTHAR WEGENER, 1880-1930**
>
> Alfred Wegener nasceu em Berlim, na Alemanha, filho de um clérigo e caçula de cinco filhos. Obteve o doutorado em astronomia em 1905, mas também se sentia atraído por geofísica e meteorologia. Em 1906, participou de uma expedição à Groenlândia para estudar a circulação do ar polar, a primeira de quatro visitas. As visitas de Wegener à Groenlândia foram no mínimo notáveis. Três homens morreram na primeira expedição, que montou a primeira estação climática da Groenlândia e cartografou o último trecho de litoral não mapeado. Na segunda expedição, em 1912-1913, o desprendimento de uma geleira quase matou a equipe. Wegener e Johan Koch (que se feriu no acidente) foram os primeiros a invernar no gelo do norte da Groenlândia e fizeram a primeira travessia pelo norte. Ficaram sem comida em terreno acidentado perto do fim da jornada, e já tinham comido o último cão e o último pônei quando foram encontrados e resgatados por um clérigo que visitava uma congregação remota.
>
> Ao voltar à Alemanha, Wegener assumiu um cargo na Universidade de Marburg, onde seu interesse pela deriva continental lançou raízes. A sua carreira acadêmica foi brevemente interrompida pela Primeira Guerra Mundial, mas ele foi liberado do serviço ativo e designado para o trabalho meteorológico. Trabalhou com tornados, mas continuou a refinar e promover a sua teoria da deriva continental. Fez mais duas viagens à Groenlândia. Na última, Wegener e um companheiro partiram com mau tempo para levar suprimentos ao acampamento no litoral oeste e morreram no caminho.

para os continentes se moverem. A noção de que tinham se arrastado pela crosta da Terra ou sido movidos pela força da maré foi ridicularizada. Os indícios geológicos que sustentam a ideia da deriva continental só começaram a surgir trinta anos depois de sua morte.

As descobertas do sonar

Durante a Segunda Guerra Mundial, o geólogo americano Harry Hammond Hess comandou um navio de transporte de tropas de invasão em terra. Interessado pelo perfil do leito do mar, ele deixou o sonar usado para encontrar submarinos ligado constantemente enquanto o navio singrava o norte do Pacífico, para mapeá-lo. O sonar funciona com ondas sonoras que ricocheteiam nos objetos; usa-se o tempo de retorno do eco para calcular a distância. Hess esperava que o fundo do oceano fosse plano, mas encontrou uma paisagem de cristas, desfiladeiros e montanhas, como em terra firme. Novos trabalhos revelaram a Dorsal Mesoatlântica, com montanhas que às

A TERRA ATIVA

vezes sobem até acima do nível do mar para formar ilhas (como os Açores e Santa Helena). As partes mais profundas dos oceanos da Terra são fossas próximas das massas terrestres continentais. A Fossa das Marianas, ao largo do Japão, mergulha até mais de 11 km.

Para explicar seus achados, Hess propôs que os oceanos crescem a partir do meio. Em 1962, em *The History of Ocean Basins*, ele descreveu um mecanismo em que a lava de basalto vaza do leito do mar nas dorsais, onde a crosta terrestre é finíssima, e se amontoa ao lado. A rocha nova e quente tem volume maior do que a rocha fria próxima, o que explica a altura das dorsais. Conforme esfria, as novas rochas afundam. Hess raciocinou que o leito do mar se desloca constantemente do meio do oceano, onde é criado, para as bordas.

É nas fossas profundas perto das massas terrestres continentais que a rocha do fundo do oceano é destruída e reciclada. Nas zonas de subducção, ela é puxada para baixo da crosta continental e derretida de volta no manto. A subducção libera a água levada com o leito do mar derretido e torna o magma mais líquido, causando erupções frequentes de vulcões que surgem pouco além da zona de subducção. O "Anel de Fogo" da orla do Oceano Pacífico tem 452 vulcões ativos.

Há duas consequências imediatamente óbvias das descobertas de Hess: uma é que a rocha do leito do mar geralmente é mais nova do que a da terra continental; a outra é que as massas terrestres se movem lentamente pelo planeta — a deriva continental que Wegener propôs, mas foi incapaz de explicar. A explicação de Hess era ótima, mas, sem provas geológicas, dificilmente ganharia espaço. Por sorte, o apoio geológico veio um ano depois da publicação do seu livro.

Listras no fundo do mar

Frederick Vine e Drummond Matthews, dois geólogos britânicos, estudavam faixas magnéticas nas rochas do leito do oceano. Essas faixas ocorrem porque o campo magnético da Terra muda de direção a intervalos (a chamada inversão geomagnética), de modo que o polo Norte magnético passa para o polo Sul. Nos últimos

A distribuição dos vulcões em torno do Pacífico segue os contornos das placas da crosta.

TERRAS EM MOVIMENTO

Conforme o novo basalto sobe no meio do oceano, o leito existente do mar se separa, preservando um registro da história magnética da Terra. Aqui, isso é mostrado pela alternância de listras azuis claras e escuras que representam a mudança de polaridade.

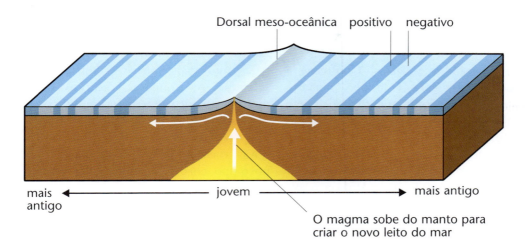

vinte milhões de anos, isso aconteceu, em média, a cada 200.000 ou 300.000 anos, embora a última inversão tenha ocorrido 780.000 anos atrás. (Provavelmente, a troca leva milhares de anos, e, mesmo que a inversão pareça atrasada, a Coreia do Norte não vai virar Coreia do Sul da noite para o dia, nem a América do Norte vai se tornar América do Sul.)

Quando sai do manto, o basalto é um líquido espesso e lento. Contém um óxido de ferro chamado magnetita, que é extremamente magnético. A magnetita se alinha no basalto e se orienta no sentido norte-sul. Quando o basalto esfria, a magnetita fica presa nessa posição. Isso significa que ela preserva um registro da orientação geomagnética da Terra na época em que se depositou. As faixas de magnetita com orientação diferente na rocha do leito do mar podem ser lidas e revelar a história das inversões geomagnéticas no decorrer do tempo. Vine e Drummond perceberam que, examinando os padrões de magnetismo em torno das dorsais, poderiam testar a teoria de Hess. Acontece que os padrões de magnetismo invertido são simétricos em torno das dorsais meso-oceânicas, indicando que o basalto que emerge se divide, metade para cada lado da dorsal, e, quando solidificado, mostra o mesmo padrão. Da dorsal rumo às bordas do oceano, surge uma história correspondente de inversões magnéticas.

Pontos quentes

Embora a teoria da deriva continental ganhasse ímpeto, algumas questões permaneciam sem resposta. Uma bastante óbvia era por que alguns vulcões e terremotos ocorrem longe dos pontos críticos no meio do oceano e na fronteira continental.

A TERRA ATIVA

Em 1963, o geofísico canadense John Tuzo-Wilson revelou que a crosta da Terra se move acima de "pontos quentes" estacionários no manto abaixo. Esses pontos quentes representam afloramentos de magma que atravessam a crosta e se acumulam, com o tempo, em vulcões em escudo, grandes e baixos. Conforme a crosta se move lentamente sobre o manto, a área acima do ponto quente muda numa escala de tempo geológica. Essa noção de Tuzo-Wilson explicou a existência de cadeias de montanhas vulcânicas, como as que hoje formam as ilhas do Havaí.

Dois anos depois, Tuzo-Wilson resolveu outra parte do quebra-cabeça. Até aquele momento, só dois tipos de fronteira — destrutiva e construtiva — tinham sido reconhecidas. As fronteiras destrutivas (ou convergentes) ocorrem na junção entre a crosta oceânica e a continental, onde a crosta oceânica em movimento é empurrada para o manto abaixo e destruída por subducção. As fronteiras construtivas (ou divergentes) ocorrem nas dorsais, como as meso-oceânicas, onde as placas se afastam e o magma vem de baixo para formar novas rochas. Tuzo-Wilson propôs um novo tipo, chamado fronteira conservativa (ou falha transformante). Nesse ponto,

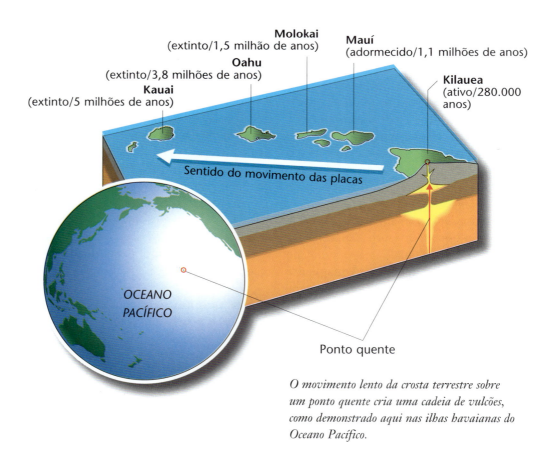

O movimento lento da crosta terrestre sobre um ponto quente cria uma cadeia de vulcões, como demonstrado aqui nas ilhas havaianas do Oceano Pacífico.

MOVIMENTO CONJUNTO

placas paralelas da crosta deslizam uma ao lado da outra em sentido oposto, sem nada destruir nem criar. As fronteiras conservativas, como a falha de San Andreas, na Califórnia, costumam ser locais de terremotos, pois a tensão se acumula entre as placas da crosta que se pressionam e é liberada de repente quando elas finalmente se movem.

Movimento conjunto

Embora as peças do quebra-cabeça parecessem se encaixar, a causa do movimento da crosta da Terra ainda não era entendida. Então, em 1966, o geofísico britânico Dan Mckenzie aplicou a termodinâmica ao problema. Ele sugeriu que o manto tem duas camadas, cada uma com movimentos diferentes. A crosta flutua em cima do manto superior e se move com ele. Em 1967, o geofísico americano W. Jason Morgan propôs um modelo com 12 pedaços de crosta. Conhecidas como placas tectônicas, esses pedaços se movem uns em relação aos outros. Em 1968, o geólogo francês Xavier le Pichon publicou um modelo completo com seis placas tectônicas.

Placas tectônicas: uma revolução científica

Na década de 1960, a desdenhada teoria da deriva continental de Alfred Wegener foi reabilitada como teoria da tectônica de placas. Foi uma das evoluções mais importantes da ciência da Terra e explicou com um só modelo a formação e o comportamento da crosta terrestre, os eventos como terremotos e erupções vulcânicas, a construção das montanhas, a distribuição aparentemente ilógica de rochas e fósseis, as dorsais meso-oceânicas e a localização dos vulcões. Em geral, a aceitação da tectônica de placas data de 1965, quando Edward Bullard mostrou o melhor encaixe de terra a leste e oeste do Atlântico se o oceano se fechasse ("Encaixe de Bullard").

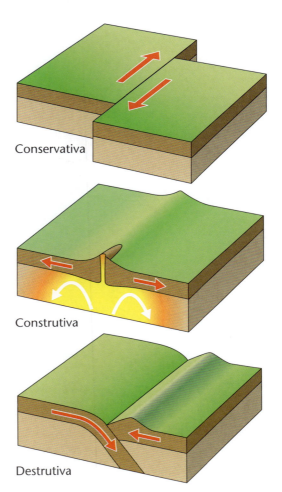

O movimento das placas tectônicas na fronteira conservativa, construtiva e destrutiva.

97

A TERRA ATIVA

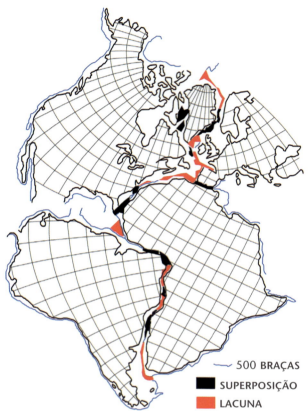

O *"melhor encaixe" de Edward Bullard, gerado em computador, para um supercontinente criado com o fechamento do Oceano Atlântico.*

O modelo atual divide a crosta da Terra em placas tectônicas que se movem lentamente, mas sem uniformidade, com as correntes convectivas do magma abaixo. As placas se empurram, colidem e se esfregam umas contra as outras, e às vezes mudam de formato quando se quebram ou se juntam.

Placas que se quebram

Embora hoje o modelo da tectônica de placas seja amplamente aceito, é difícil imaginar o que aconteceu nos primeiros dias da Terra ou quando a atual atividade tectônica começou. Como a crosta oceânica é constantemente reciclada, suas partes mais antigas (perto da praia) só têm duzentos milhões de anos. As rochas mais antigas de qualquer tamanho expostas em terra têm quase quatro bilhões de anos. Os geólogos ainda não sabem quando os primeiros continentes se formaram nem quando a crosta se rompeu em placas tectônicas separadas. A modelagem indica que as placas podem ter se formado há três bilhões de anos, mas possivelmente são muito mais novas. É provável que, a princípio, a crosta tenha se formado como uma única placa que envolvia a Terra inteira, mas não há explicação amplamente aceita de como ou quando ela se quebrou.

Um estudo de 2012 feito com isótopos das rochas e minerais mais antigos mostra uma mudança considerável de sua formação por volta de três bilhões de anos atrás, o que pode indicar o ponto em que a tectônica começou. Em 2015, o geofísico russo-suíço Taras Gerya publicou resultados de modelagem que mostravam que, naquela época, o manto era 100° a 300° mais quente do que hoje. Isso resultaria em placas tectônicas mais fracas e fáceis de quebrar, portanto talvez houvesse um número maior de placas pequenas há três bilhões de anos. Mas como um arranjo desses levaria a um padrão sustentado de subducção? Com a subducção, a borda frontal

MOVIMENTO CONJUNTO

da crosta oceânica mergulha sob a placa continental. Para que isso aconteça, a placa sendo puxada para baixo tem de manter sua integridade para arrastar o resto consigo. Caso se parta com demasiada facilidade, o fundo do mar

O cinturão de rochas verdes de Isua, no sudoeste da Groenlândia, é formado por rochas que estão entre as mais antigas no mundo. Sua história tectônica foi datada de 3,1 a 3,6 bilhões de anos.

A SUPERFÍCIE FRATURADA DA TERRA

Atualmente, a crosta terrestre é dividida em sete placas principais e dezenas de outras menores. Estima-se que a Placa do Pacífico, a maior, meça 103.300.000 km². A crosta oceânica tem cerca de 7 a 10 km de espessura; a continental, até 70 km nas regiões montanhosas. A crosta oceânica é feita principalmente de basalto, que vaza nas dorsais meso-oceânicas; a crosta continental menos densa contém muito granito e andesito.

As placas se encontram nas falhas, que em geral são locais de atividade geológica dramática. As falhas construtivas e destrutivas estão associadas aos vulcões; as falhas destrutivas e as zonas de colisão também estão ligadas à construção de montanhas. As falhas transformantes estão associadas aos terremotos.

O granito forma muitas das paisagens geológicas mais espetaculares, como os penhascos do Parque Nacional de Yosemite, nos EUA.

A TERRA ATIVA

As maiores placas tectônicas e como se relacionam com as massas terrestres e os oceanos.

não se moverá continuamente na direção da costa. Sem a "puxada" do leito do oceano, o sistema se desfaria. O quebra-cabeça de como a subducção começou e continuou ainda é um desafio para a teoria e a modelagem geológicas.

Continentes à deriva

Quando entendemos que o movimento das placas é gerado pela subducção, podemos explicar a teoria da deriva continental de Wegener e, mais ainda, indicar um padrão. Com o tempo, a expansão do oceano força todas as placas terrestres a se juntar num supercontinente. Então, esse supercontinente é quebrado por outra zona dorsal que se espalha, e reaparecem os continentes separados, por algum tempo, até se fundirem outra vez.

Embora as bordas das massas terrestres sejam dinâmicas, incorporando material novo e perdendo rochas, mais para o interior a rocha é estável e praticamente não muda. Os continentes atuais são formados por arranjos de crátons com suas cercanias incorporadas. O resultado é uma colcha de retalhos, com crátons espalhados e unidos pelas suas periferias de rocha incorporada (ver a página 59).

Drama e devastação

A deriva das massas terrestres continentais é lentíssima e, sem dúvida, não perceptível durante a vida humana. Mas o movimento tectônico também produz eventos naturais mais dramáticos, muitas vezes catastróficos, sob a forma de terremotos e erupções vulcânicas, que os catastrofistas percebiam como o oposto dos processos lentos de Hutton. Agora sabemos, é claro, que todos são resultado de processos lentos.

Os eventos geológicos devastadores podem facilmente matar grande número

CONTINENTES À DERIVA

O Templo de Poseídon, no cabo Sounion, na Ática, Grécia. Um dos doze deuses olímpicos dos mitos gregos antigos, Poseídon, era o deus do mar e dos terremotos.

> **BAGRE SÍSMICO**
> No Japão, no século XVIII, acreditava-se que os terremotos eram causados por um Namazu, um bagre gigantesco que remexia a lama sob as ilhas japonesas. Na fábula, o deus Kashima firma o bagre, empurrando-o contra os alicerces da Terra com uma pedra pesada para mantê-lo parado. Mas, quando Kashima fica desatento, o peixe consegue se contorcer e criar o caos. No século XIX, o comportamento de Namazu foi considerado uma punição à ganância humana. As catástrofes que se seguiam às atividades de Namazu causaram a redistribuição da riqueza no Japão.

de pessoas e destruir cidades e até civilizações inteiras. Eles inspiram naturalmente medo e assombro e, durante milênios, as pessoas se esforçaram para explicá-los. Inevitavelmente, os relatos mais antigos os deixavam com firmeza num contexto mitológico; muitos acreditavam que era assim que deuses zangados ou vingativos julgavam a humanidade.

Coleta de dados de terremotos

Na Grécia Antiga, Aristóteles tentou dar uma explicação científica para os terremotos e descreveu ventos dentro da Terra que faziam a superfície tremer. Ele coletou dados sobre terremotos e baseou neles sua teoria. Além de ser um belo exemplo do seu método protocientífico, foi o primeiro registro desse tipo de uso de métodos estatísticos — mas estava errado.

Aristóteles começou refutando três hipóteses anteriores, dando um resumo útil do pensamento contemporâneo. Anaxágoras, disse ele, argumenta que há bolsões de *éter* (a matéria refinada que os gregos achavam que formava o céu) presos dentro da Terra; esses bolsões escapam, provocando os terremotos quando sobem. Aristóteles desprezou isso como "primitivo demais para exigir refutação", porque supõe que há um "subir" numa esfera e porque não explica por que só algumas regiões têm terremotos. Aristóteles também desprezou a descrição de Demócrito de que os terremotos acontecem quando a chuva que cai na Terra já saturada "força o caminho para entrar" ou quando a água jorra de repente das regiões subterrâneas mais úmidas para as mais secas. Finalmente, Aristóteles refuta a explicação de Anaxímenes: os terremotos acontecem

A TERRA ATIVA

quando a terra seca se rompe e se compacta ou quando a chuva intensa destrói a coesão do solo. Por que então, pergunta Aristóteles, a ocorrência de terremotos não corresponde à propensão de secas ou inundações de uma região? Essa ânsia de fazer a explicação corresponder aos detalhes observados foi um passo importante na busca de uma explicação científica válida.

Aristóteles acreditava que a evaporação era a fonte dos terremotos. Ele observou que a chuva se infiltra no solo e, depois, o calor do Sol e a Terra a faz evaporar e escapar. Ele defendia que isso produzia vento quando o ar substitui a água que evapora. Em apoio à sua teoria, ele citou como prova a frequência de terremotos em lugares onde o chão é "esponjoso", como na Sicília. Embora sem dúvida haja solo vulcânico esponjoso na Sicília, hoje sabemos que a atividade tectônica produz os terremotos (e a rocha). Aristóteles notou um vínculo entre os terremotos e os tsunâmis (ver o quadro), mas também fez conexões espúrias entre o momento do terremoto e a hora do dia, as nuvens no céu e outros aspectos climáticos.

> *"A combinação de um maremoto com um terremoto se deve à presença de ventos contrários. Isso ocorre quando o vento que sacode a terra não consegue afastar inteiramente o mar que outro vento traz, mas o empurra e ergue numa grande massa num só lugar. Dada essa situação, segue-se que, quando o vento cede, todo o corpo do mar, trazido pelo outro vento, explodirá e cobrirá a terra."*
>
> Aristóteles, *Meteorologia*

Quando Aristóteles criou sua teoria, os cronistas chineses anotavam terremotos há quase dois mil anos. Consequentemente, a China tem o mais longo registro histórico de atividade sísmica. A maioria dos relatos, anotados por escribas locais, é fugaz. O mais antigo, de 2300 a.C., registra "terremotos e jorro de fontes". Em 977 d.C., os dados chineses sobre terremotos foram reunidos num texto que listava 45 terremotos entre 1100 a.C. e 618 d.C.

O desenvolvimento mais significativo do monitoramento de terremotos aconteceu no século II d.C., quando o polímata Zhang Heng (79-139) inventou o primeiro sismoscópio — instrumento para detectar terremotos distantes. Embora seu sismoscópio não tenha sobrevivido e não haja descrições detalhadas dele, seus textos levaram a várias reconstruções.

Rumo a uma explicação

A coleta de dados revelou que algumas áreas são mais propensas a terremotos do

> *"A principal causa dos terremotos é o ar, elemento naturalmente rápido que muda de lugar em lugar. Desde que não provocado, mas quieto num espaço vago, ele repousa inocente, sem criar problemas para os objetos em volta. Mas qualquer causa que venha de fora o agita ou o comprime e o leva a um espaço estreito [...] e, quando a oportunidade de fuga lhe é tirada, então 'com profundo murmúrio da Montanha ele ruge em torno da barreira', que, depois de longa surra, desloca e joga para o alto, ficando mais feroz quanto mais forte for o obstáculo com que lutou."*
>
> Zhang Heng, 132 d.C.

CONTINENTES À DERIVA

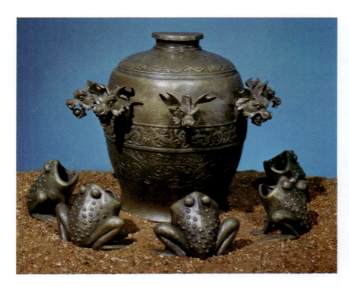

O sismoscópio engenhoso e ornamentado de Zhang Heng indicava a direção do terremoto. Oito cabeças de dragão são arrumadas na circunferência de um vaso de bronze, cada uma com uma bola entre os maxilares. As cabeças estão ligadas a uma manivela e a uma alavanca em ângulo reto. Quando o terremoto sacode o chão, o mecanismo move a manivela, fazendo um dos dragões soltar a sua bola na boca do sapo de bronze abaixo, mostrando a direção do choque sísmico.

que outras, mas não elucidava a causa dos terremotos nem permitia sua previsão. Realmente, ainda não conseguimos prever bem os terremotos.

O primeiro passo rumo a uma moderna compreensão científica veio em 1910, quando o sismólogo americano Harry Fielding Reid, depois do estudo meticuloso de um terremoto catastrófico em 1906 em São Francisco, propôs a "teoria do rebote elástico". Ele sugeriu que os terremotos ocorrem quando a energia se acumula ao longo de uma linha de falha e se libera repentinamente. Essa ainda é a base do nosso entendimento dos terremotos nas falhas transformantes, como a de San Andreas, na Califórnia.

Em 1906, um terremoto devastador de intensidade 7,9 matou três mil pessoas em São Francisco, nos EUA. A foto mostra uma fissura na East Street depois do terremoto. Uma carruagem caiu na rachadura da rua perto do mar, causada pelo espalhamento lateral da área.

A TERRA ATIVA

OS PIORES TERREMOTOS

Embora hoje possamos medir a intensidade dos terremotos e compará-los quantitativamente, é difícil reconstruir os do passado distante. Uma medida da gravidade de um terremoto histórico é o número de vítimas. Obviamente, não é uma medida muito científica; poucas pessoas morrerão se o terremoto atingir uma área não povoada; e muitas, se atingir uma cidade.

Na Falha de San Andreas, a placa norte-americana se esfrega na placa do Pacífico, numa fronteira tectônica de 1.200 a 1.300 km.

Classificação	Onde	Quando	Mortes	Magnitude
1	Shensi, China	23 jan 1556	830.000	c. 8
2	Tangshan, China	27 jul 1976	255.000 (oficial) a 655.000 (não oficial)	7,5
3	Aleppo, Síria	9 ago 1138	230.000	7
4	Sumatra, Indonésia	26 dez 2004	227.898	9,1
5	Haiti	2 jan 2010	222.570	7

FOGO DENTRO E FORA

Fogo dentro e fora

Os vulcões são o outro grande cataclismo tectônico e inspiraram prontamente explicações que envolviam deuses e um inferno de fogo localizado dentro da Terra. O poeta romano Virgílio escreveu que o gigante Encélado foi enterrado sob o monte Etna, na Sicília, como punição por se rebelar contra os deuses. Quando a montanha ribombava, diziam que Encélado gritava em tormento; as chamas da boca do vulcão eram seu hálito, e a terra em torno da montanha tremia quando ele sacudia as grades da sua prisão. Dizia-se também que Mimas, outro gigante, estava enterrado sob o Vesúvio, perto de Nápoles, no sul da Itália.

Em geral, as erupções vulcânicas vêm como uma surpresa devastadora. Muitos vulcões ficam inativos (adormecidos) durante centenas e até milhares de anos, e a erupção parece acontecer do nada. Tipicamente, o solo vulcânico é muito fértil, então é comum surgirem povoados perto deles. Quando uma erupção do Vesúvio destruiu as cidades de Pompeia e Herculano em 79 d.C., o estudioso Plínio, o Jovem, escreveu: "Muitos buscaram o auxílio dos deuses, mas outros ainda imaginaram que não restavam deuses e que o universo tinha mergulhado para sempre na escuridão eterna".

Casas de fogo

Em 1638, Athanasius Kircher se aventurou pela cratera do Vesúvio para investigar e medir a temperatura — uma realização arriscada, pois o vulcão estava em fase eruptiva e ainda quente. Kircher formulou uma explicação para os vulcões que se tornou parte de sua teoria sobre o interior da Terra.

Ele supunha que o interior da Terra continha uma série interligada de casas de fogo ou "pirofilácia". A maior e mais importante delas ficava no centro da Terra e era o local do Inferno — uma combinação espantosa de geologia e religião. Ele acreditava que o Purgatório se localizava num ponto intermediário e observou que os monges de um mosteiro

Essa representação do século XIX da erupção do Vesúvio mostra como deve ter sido a de 79 d.C. Os vulcões são de tipos diferentes, mas cada um deles tem erupções semelhantes, mesmo em períodos extensos.

A TERRA ATIVA

"No meio da noite, subi a montanha por trilhas difíceis e escarpadas. Quando cheguei à cratera, horrível de descrever, vi-a toda iluminada pelo fogo, com uma exalação intolerável de enxofre e betume ardente. Aturdido com o espetáculo inaudito, acreditei que espiava o reino dos mortos, e vendo os fantasmas horrendos de demônios, nada mais, nada menos, percebi os gemidos e tremores da montanha assustadora, o fedor inexplicável, a fumaça escura misturada com globos de fogo que o fundo e as laterais da montanha vomitavam continuamente de onze lugares diferentes, forçando-me às vezes a também vomitar.

[...] Quando a aurora rompeu, decidi explorar diligentemente toda a constituição interior da montanha. Escolhi um lugar seguro onde fosse possível pisar com firmeza e desci até uma vasta rocha de superfície plana à qual a encosta da montanha dava acesso. Lá instalei meu pantômetro e medi as dimensões da montanha."

Athanasius Kircher, 1664

No alto à esquerda: A concepção de Kircher do interior da Terra tinha câmaras de fogo interligadas.

Embaixo à esquerda: Os Campos Flégreos são uma área com atividade vulcânica na Itália, perto de Nápoles. Têm o chão quente e fumarolas que fedem a enxofre e emitem gases quentes o tempo todo. O poeta romano Virgílio escreveu que o sangue dos gigantes derrotados na guerra com os deuses subia à superfície nos Campos Flégreos.

FOGO DENTRO E FORA

DEVASTAÇÃO MÍTICA

A erupção minoica, ocorrida entre 1642 a.C. e 1540 a.C., destruiu parte da ilha de Akrotiri (Santorini) e possivelmente deu fim à civilização minoica. Foi uma das maiores erupções da história humana, com intensidade de 6 ou 7, que provocou um tsunâmi de até 150 metros de altura. O vulcão já se construíra e destruíra várias vezes num período de muitas centenas de milhares de anos.

Hoje, a ilha de Santorini tem o formato característico de uma cratera vulcânica enchida pelo mar, com um anel de rochas. A destruição da ilha foi ligada (de forma inconclusiva) com a descrição de Platão da cidade perdida de Atlântis. Há relatos de eventos ligados à erupção até na China, onde "névoa amarela, sol fraco, depois três sóis, geada em julho, fome e a murcha de todos os cinco cereais" acompanharam a queda da dinastia Xia, em 1618 a.C.

O formato de Santorini revela sua origem como vulcão arrasado.

perto dos Campos Flégreos, um grande supervulcão a oeste de Nápoles, ouviam os gemidos dos pecadores sob o chão.

Kircher supôs que, no terceiro dia da Criação, quando separou a terra do mar, Deus criou câmaras dentro da Terra, chamadas "geofilácia". Eram de três tipos: casas de fogo, casas de ar e casas de água. Ele achava que outro tipo de câmara continha os "princípios seminais" que possibilitavam o crescimento dos minerais subterrâneos.

Kircher acreditava que as casas de água ficavam sob as montanhas e forneciam a água das fontes e rios. Como essa fonte era finita, ele supunha que a água da Terra era sugada de volta para as casas de água em rodamoinhos como o Maelstrom norueguês e levada de volta aos rios e torrentes. Ele acreditava que os rodamoinhos maiores e mais importantes ficavam nos polos. Segundo seu modelo, as casas de água eram todas interligadas, e a pressão das marés agia como um fole, forçando a água a fluir pelos canais dentro da Terra e emergir em fontes para alimentar os lagos e o mar. Quando fluía para dentro da Terra, a água alimentava o crescimento de cristais e minerais. Kircher achava que as cordilheiras formavam o esqueleto estrutural da Terra.

A TERRA ATIVA

Outras ideias dos séculos XVI e XVII incluíam vulcões que expeliam os dejetos da Terra, como lágrimas e excrementos, sob a forma de betume, alcatrão e enxofre (Johannes Kepler); vulcões que se formavam quando os raios do Sol perfuravam a estrutura em três camadas da Terra — com o ar acima da água e esta acima das profundezas fogosas (René Descartes); e vapor que, sob pressão, produzia erupções (Agrícola).

A construção dos vulcões

O geólogo escocês Charles Lyell foi o primeiro a propor que os vulcões se construíam lentamente; ele a chamou de "construção em retaguarda". A opinião convencional era de que eles surgiam depressa, em consequência de convulsões rápidas. Na verdade, alguns vulcões surgem depressa, outros devagar.

Há dois tipos principais de grandes vulcões:

Os **estratovulcões** ou **vulcões compostos** são vulcões de encostas íngremes que produzem lava espessa e fluxo piroclástico (uma mistura veloz e superaquecida de cinzas, rocha, poeira e vapor). O cone é construído com camadas de cinzas e lava endurecida de erupções anteriores. Os estratovulcões surgem perto de zonas de subducção e têm erupções infrequentes, mas violentas. Às vezes, pequenos vulcões de crescimento rápido chamados cones de cinzas crescem nos flancos dos estratovulcões. Dois estratovulcões famosos são o monte Santa Helena e o Vesúvio.

Os **vulcões em escudo** são baixos e rasos, com encostas suaves. Têm erupções frequentes, mas não explosivas, e produzem lava líquida que percorre grandes distâncias pelo chão antes de esfriar. Ocorrem em pontos quentes e fronteiras construtivas; os vulcões do Havaí são vulcões em escudo.

Alguns vulcões tiveram erupções classificadas como nível 8 (o mais alto) do Índice de Explosividade Vulcânica (IEV). São erupções que liberam pelo menos 1.000 km³ de depósitos. Em geral, esses supervulcões não têm monte (o mais frequente é uma depressão) e são difíceis de identificar. Raramente entram em erupção; a mais recente foi a erupção de Oruanui do vulcão Taupo, na Nova Zelândia, que ocorreu 26.500 anos atrás. A última grande erupção do supervulcão sob o Parque de Yellowstone, nos EUA, foi há 640.000 anos.

Kircher *achava que a água reentrava na Terra pelo Maelstrom de* Saltstraumen, *ao largo do litoral da* Noruega.

FOGO DENTRO E FORA

Forjado pelo fogo

As erupções vulcânicas podem ter imenso impacto sobre o meio ambiente e afetar as rochas, a atmosfera e o mundo vivo. Elas estiveram envolvidas em alguns dos eventos de extinção em massa mais devastadores da história da Terra (ver as páginas 172-174), mas também moldam a paisagem e o clima.

Em 2017, geólogos do Canadá e da Rússia produziram um banco de dados das erupções vulcânicas mais cataclísmicas da Terra. Eles identificaram algumas datadas de mais de dois bilhões de anos e

UM VULCÃO SURGIDO DO NADA

O cone de cinzas do Paricutín surgiu no milharal de um fazendeiro do México em 1943. Alguns dias antes, os moradores locais ouviram ribombos graves, como trovões, indicadores de terremotos profundos. Trezentos desses terremotos de baixa intensidade ocorreram na véspera do dia em que o vulcão começou a aparecer. Dionisio Pulido, agricultor local, observou o monte subir a partir de uma fissura em seu campo. Apareceu às quatro da tarde e, ao anoitecer, lançava chamas de 800 m no ar. Dali a uma semana, um cone de rocha e cinzas com 100 a 150 m de altura se acumulara no campo de Pulido. Cinzas, fluxo de lava e pedaços de rocha semiderretida choveram na área, forçando os habitantes a evacuar as cidades de Paricutín e San Juan Parangaricutiro. Essas cidades acabaram enterradas em lava, e assim permanecem. O cone de cinzas cresceu até 365 m de altura em oito meses.

A igreja de San Juan Parangaricutiro, perto de Paricutín, está isolada em meio a um mar de lava solidificada.

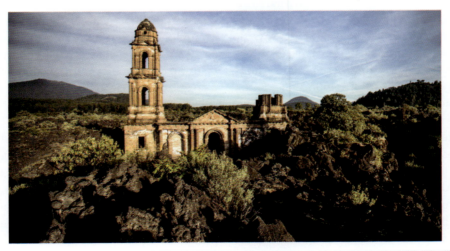

A TERRA ATIVA

  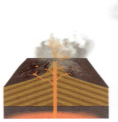 

A partir da esquerda: a lava escapa através de uma fissura entre placas tectônicas em separação; o fluxo veloz da lava forma as camadas de um vulcão em escudo; a lava lenta forma uma "cúpula" pedregosa, de lados íngremes, com chaminés (um domo de lava); e um formato cônico com erupções explosivas e lava interfoliada com cinzas vulcânicas (um estratovulcão). A câmara de magma de cada vulcão é vista parcialmente na parte de baixo.

mapearam a extensão do fluxo de lava de cada um deles.

Essas erupções mudaram o mundo. Uma delas, na Sibéria, há 252 milhões de anos, está ligada ao evento de extinção mais grave, no qual 90% das espécies se extinguiram (ver a página 172). Embora a inundação de lava desses vulcões tenha sido praticamente erodida, os enxames de diques permanecem como evidência. Esses são os canais por onde a lava se espalhou, abrindo-se a partir da garganta principal do vulcão. A época das erupções foi estabelecida pela datação radioativa de urânio e chumbo desses remanescentes.

As erupções imensas podem durar milhões de anos, despejando mais de um milhão de quilômetros cúbicos de lava nesse período. Parece que acontecem mais ou menos a cada vinte milhões de anos (a última foi há 17 milhões).

Sob o vulcão

As erupções imensas inundam a terra com lava basáltica que pode ter quilômetros de espessura. Entre os exemplos desses eventos estão os Trapps siberianos, no norte da Rússia, 252 milhões de anos atrás, e os Basaltos do Decão, na Índia, com 66 milhões de anos. Essas erupções alteram a geologia da terra, não só por cobri-la com uma nova camada de rocha, mas por mudar a rocha que já está lá. Rochedos são envolvidos e arrastados pelo fluxo de lava, mas, de forma ainda mais significativa, a rocha existente é assada pelo calor da erupção ou da lava que escorre. A rocha sedimentar passa por uma mudança química e se transforma em rocha metamórfica; por exemplo, quando o calor vulcânico aquece o calcário, ele se transforma em mármore. O calor vulcânico também pode queimar o alcatrão e o carvão do solo.

Sopro quente e frio

Modelos computacionais de 2017 indicam que, no ponto máximo, as violentas erupções siberianas podem ter elevado a temperatura global em 7°C com a emissão de gases quentes. Mas a temperatura logo despenca, pois a luz do sol é bloqueada pela cinza e pelo pó no alto da atmosfera. Esse processo foi visto recentemente no

CRIAÇÃO DAS MONTANHAS

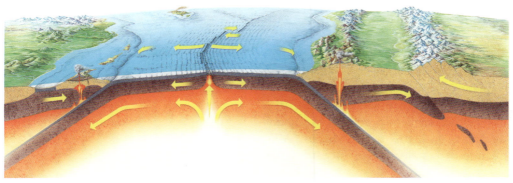

A atividade tectônica em torno da bacia oceânica inclui a emergência de rochas novas na dorsal meso-oceânica e a subdução de rochas antigas perto da costa. A zona de subdução à esquerda fica ao largo, enquanto a da direita é costeira. A crosta continental (marrom-claro) e a oceânica (azul) ficam em cima de rochas mais pesadas (roxas) que se movem lentamente, arrastando consigo a crosta. A rocha subduzida se derrete e alimenta vulcões ao longo da zona de subdução. A subdução puxa o leito do mar rumo à costa. Isso, com o surgimento de novas rochas no meio do oceano, faz o leito do mar se espalhar e cria a deriva continental.

"ano sem verão" de 1816, que se seguiu à erupção do Tambora, na Indonésia (ver quadro na página 112). As cinzas e o dióxido de enxofre são rapidamente lavados da atmosfera pela chuva. Mas a chuva com enxofre dissolvido é ácida e causa seu próprio impacto. O efeito de prazo mais longo das erupções extensas é o aquecimento climático. Conforme a rocha sedimentar se aquece, o material orgânico nela existente se queima, liberando metano. Até rochas carbonáticas aquecidas sem nenhum material orgânico podem liberar dióxido de carbono. As grandes erupções também liberam dióxido de carbono com o magma, além de halogênios que destroem o ozônio e permitem que a radiação prejudicial do Sol penetre na atmosfera. A chuva ácida que se segue à erupção dissolve as rochas carbonáticas, liberando ainda mais dióxido de carbono.

Criação das montanhas

Nem todas as montanhas são vulcânicas, construídas de magma vindo de baixo. Muitas são feitas de rochas já sólidas. Isso acontece nas falhas destrutivas, onde duas placas continentais colidem. As vastas cordilheiras do Himalaia, dos Alpes e dos Andes se formaram assim.

> *"As cinzas ferozes de algum pico fogoso*
> *Lançaram-se tão alto que alcançaram todo o globo?*
> *Pois dia a dia, em tantas auroras de sangue...*
> *A ira do pôr do sol resplendeu"*
> Alfred, Lorde Tennyson, "São Telêmaco", publicado em 1892 depois de ocasos brilhantes provocados pela erupção do Krakatoa em 1883.

111

A TERRA ATIVA

Mecânica da construção de montanhas

A colisão entre continentes começa quando eles são separados pelo oceano e quando o oceano não se alarga mais. A crosta oceânica é subduzida sob uma das placas, erguendo vulcões a alguma distância da zona de subdução. Mas, quando toda a crosta oceânica foi subduzida e só resta a crosta mais leve do continente, a subdução fica muito mais difícil. A crosta continental é mais leve do que o manto e se subduz nele mais devagar, isso quando se subduz. Ela não alimenta mais os vulcões, que secam, e a crosta se eleva e se amontoa na zona de colisão. A placa superior é empurrada para cima, dobrando-se e deformando-se

O ANO SEM VERÃO

A maior erupção registrada pela história ocorreu em 1815. O vulcão Tambora, em Sumbawa, na Indonésia, despejou tanta cinza no ar que bloqueou o Sol. A cinza subiu até a estratosfera e foi levada pelo mundo, provocando um resfriamento desastroso. Em Nova York, nevou em junho, em pleno verão; perto de Quebec, no Canadá, a neve chegou a 30 cm de profundidade. As plantações morreram por falta de sol, os animais de criação ficaram sem alimento e a fome e as doenças se espalharam pela população vulnerável. Na China e na Índia, a desorganização do sistema de monções provocou inundações catastróficas. O inverno seguinte foi rigorosíssimo e afetou a colheita do ano.

A erupção pode até ter provocado a invenção da bicicleta. Os cavalos, fundamentais para os transportes da época, eram alimentados com aveia. A escassez global desse cereal pode ter inspirado o inventor alemão barão Karl von Drais a investigar um método de transporte sem cavalos em 1817.

A erupção do Tambora, em 1815, arrasou a ilha de Sumbawa.

CRIAÇÃO DAS MONTANHAS

conforme as placas se movem uma contra a outra.

A princípio, a rocha nas bordas das placas convergentes é comprimida. A pressão imensa exercida sobre as rochas as altera, produzindo rochas metamórficas. Onde o calor e a pressão da subducção derretem a rocha, a rocha derretida não sobe pelos vulcões, mas se solidifica na rocha acima e forma bolsões de rocha ígnea intrusiva, os chamados plutões. O metamorfismo também acontece localmente em torno dos plutões, quando seu calor altera a rocha adjacente. Em conjunto, esses processos geram uma mistura rica de rochas e estruturas que conta a história de como as montanhas se formaram.

Ao mesmo tempo, as rochas perto da superfície se enrugam, como uma toalha empurrada sobre a mesa, formando vincos e dobras. Quando a pressão não pode mais ser absorvida pelas dobras, ocorrem as falhas: a rocha se rompe, e pedaços são forçados a sair do caminho. Numa dobra, as camadas são contínuas, mas curvadas. Na falha, as camadas são descontínuas, pois uma parte inteira se separa e se desloca. O resultado é o arranjo meio esquisito das camadas de rocha visto nas montanhas. Às vezes as camadas acabam na vertical e, com frequência, mostram dobras convolutas e extravagantes e falhas claras.

A crosta se engrossa onde as placas são forçadas umas contra as outras, não só empurrando as montanhas para cima como espessando a borda inferior da crosta, dando às montanhas "raízes" profundas. As montanhas são pesadas; elas forçam a crosta para baixo, criando um mergulho na borda externa da cordilheira. Com o tempo, isso se enche de sedimentos produzidos pelo desgaste e pela erosão das montanhas, e forma-se uma bacia sedimentar. Alternativamente, os sedimentos são levados por geleiras, torrentes e rios até as planícies e os deltas aluviais.

As montanhas crescem devagar enquanto as placas são forçadas umas contra as outras. Quando o sentido do movimento das placas muda, as montanhas ficam como uma cicatriz, correndo pelo meio de uma massa terrestre continental.

Dilaceradas

Na dorsal continental, onde a terra se afasta, surgem montanhas vulcânicas em pontos de crosta fina onde o magma pode se acumular. Até montanhas não vulcânicas

Ao passar por cima da placa indiana, a placa eurasiana (à direita) formou o Himalaia.

113

A TERRA ATIVA

VELHO COMO AS MONTANHAS

Algumas cordilheiras são antiquíssimas. Os Apalaches começaram a crescer quando as placas norte-americana e africana colidiram na formação de Pangeia, 450 milhões de anos atrás, formando as Montanhas Pangeanas Centrais. Elas terminaram de subir há 250 milhões de anos e agora estão erodidas. No ponto máximo, eram mais altas do que o Himalaia. As Highlands escocesas e as montanhas Anti-Atlas, no Marrocos, também são relíquias daquela cordilheira, dividida pelo alargamento do Atlântico.

podem se formar nas dorsais. As forças em ação que afastam as placas podem romper a crosta em grandes pedaços, fazendo uma porção da superfície cair e criar uma depressão ou "rifte".

Na descida

Assim que sua construção termina, as montanhas começam a ser desgastadas pelos efeitos do clima e da erosão, mas não é uma questão simples de perder altura. A montanha é um pedaço pesado de rocha que deforma a litosfera e a faz afundar no manto abaixo da base da montanha. Conforme o volume é removido, a montanha fica mais leve, e há um certo rebote quando a litosfera volta a subir. Embora possa ser menos intenso onde ela foi alisada pelo desgaste, a montanha pode ficar igualmente alta, ou quase tão alta quanto antes que o rebote da

114

CRIAÇÃO DAS MONTANHAS

litosfera aumentasse sua altura. A remoção das montanhas é um processo lento. Os montes Makhonjwa, na fronteira entre a África do Sul e o reino de Eswatini (antes, Suazilândia), têm 3,5 bilhões de anos, mas o mais alto ainda chega a 1.800 metros.

As cores brilhantes das montanhas do arco-íris do Parque Nacional de Zhangye Danxia, na China, são produzidas por óxidos no arenito. As camadas de rochas, a princípio dispostas horizontalmente, foram inclinadas em ângulo por falhas quando as montanhas se formaram.

Página ao lado: *O vale do Rifte Africano Oriental na Etiópia. Os pedaços quebrados da crosta que se mantiveram criaram montanhas em blocos.*

VER MONTANHAS CRESCEREM

Com a exceção de alguns vulcões de formação rápida, como o Paricutín, as montanhas crescem devagar demais para notarmos, mesmo no decorrer de séculos. Mas hoje os sistemas de GPS com precisão de alguns milímetros permitem aos geólogos medir o estreitamento horizontal e o crescimento vertical das montanhas enquanto se formam. As medições mostram que os Andes se estreitam 2 cm e sobem 2 mm por ano. Isso significa que cresceram um pouco mais de um metro desde o fim da civilização asteca, quinhentos anos atrás.

CAPÍTULO 6

A vida muda
TUDO

"Nas ondas sem praias a orgânica vida
Nas cavernas de pérola do mar foi nascida,
Invisíveis às lentes, as primeiras formas
Na lama se movem, cortam a massa aquosa;
Essas, em gerações sucessivas a crescer,
Maiores membros e poderes vêm a obter,
E delas brotam todos os grupos de plantas,
E os reinos de pés, asas e barbatanas."
   Erasmus Darwin, *O templo da natureza*, 1802

Ao contrário de outros planetas do sistema solar, a Terra abriga formas de vida abundantes e diversificadas. Embora não possamos ter certeza de que todos os nossos vizinhos planetários são desabitados, sabemos que a vida na Terra ajudou a configurar o planeta em que vivemos.

Anêmonas no campo de chaminés hidrotérmicas de Beebe, no Caribe. A vida na Terra pode ter começado em lugares assim.

A VIDA MUDA TUDO

Início da vida

A vida na Terra começou com substâncias orgânicas (que contêm carbono) que, nas condições certas, conseguiram fazer cópias de si mesmas.

As moléculas baseadas em carbono, essenciais para construir coisas vivas, costumam ser chamadas de prebióticas. Entre elas, estão os aminoácidos, que são os constituintes das proteínas. Nas condições certas, é possível surgirem moléculas prebióticas com base em elementos encontrados em abundância na Terra e em todo o universo: carbono, hidrogênio, nitrogênio e oxigênio. As moléculas prebióticas podem ter se criado na Terra nas condições quentes dos lagos termais, como resultado de relâmpagos ou em chaminés vulcânicas submarinas. Ou podem ter sido trazidas à Terra por meteoritos de Marte ou de outros locais, até mesmo de fora do sistema solar. Ou talvez tenha havido uma mistura de prebióticos domésticos e importados.

Se puderem ser transportadas pelo espaço em meteoros, é possível que as moléculas prebióticas tenham semeado muitos ambientes além da Terra. Do mesmo modo, se surgiram com pouca dificuldade nas condições certas da Terra, talvez possam surgir em qualquer outro lugar.

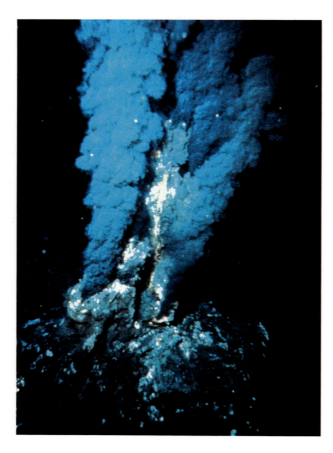

> "Assim, com os animais, alguns brotam de animais genitores, de acordo com o seu tipo, enquanto outros crescem espontaneamente e não de seus iguais; e desses casos de geração espontânea, uns vêm de matéria vegetal ou terra putrefata, como é o caso de vários insetos, enquanto outros são gerados espontaneamente no interior dos animais, a partir das secreções de seus vários órgãos."
>
> Aristóteles, *História dos animais*, Livro V, Parte 1

Chaminés hidrotérmicas como essa, no oceano Atlântico, produzem um ambiente submarino quente, enriquecido com sais minerais. É um ambiente em que a vida simples pode vicejar.

INÍCIO DA VIDA

A vida vinda do nada

Durante muitos séculos, acreditou-se que algumas formas de vida poderiam surgir da matéria inanimada, modelo hoje chamado de geração espontânea. Ele era usado para explicar como a comida apodrecida se infestava de larvas ou como os camundongos apareciam dentro de recipientes de trigo.

A teoria da geração espontânea foi questionada em 1668 quando o médico italiano Francesco Redi demonstrou que as larvas só aparecem na carne se as moscas tiverem acesso a ela. Mesmo assim, em 1809, o biólogo francês Jean-Baptiste de Lamarck ainda propunha que "a Natureza, por meio de calor, luz, eletricidade e umidade, forma a geração direta ou espontânea naquela extremidade de cada reino de corpos vivos em que se encontram os mais simples desses corpos".

Em 1871, Darwin se perguntou mais especificamente: "se (e, ah, que grande se) pudéssemos conceber, em alguma pocinha quente com todos os tipos de amônia e sais fosfóricos, — luz, calor, eletricidade etc. presentes, que um composto proteico fosse quimicamente formado, pronto a sofrer mudanças ainda mais complexas".

Sob o microscópio

Em 1922, o bioquímico russo Alexander Oparin começou com a proposição fundamental de que não há diferença material entre a matéria viva e não viva e que a vida depende do comportamento químico das moléculas. A descoberta do metano na atmosfera de Júpiter o levou a sugerir que a Terra jovem tinha uma atmosfera fortemente redutora (na qual a oxidação não ocorre). Ele achou que a primeira atmosfera provavelmente continha metano, amônia, hidrogênio e vapor d'água e que esses podem ter sido os tijolos da vida. Oparin sugeriu um processo que começava com a mais simples das

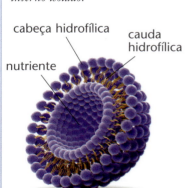

Uma vesícula com um ambiente interno isolado.

A CAPTURA DO INTERIOR

Os coacervados são gotículas microscópicas formadas espontaneamente que podem isolar um ambiente interno. Eles incluem micelas, bolas formadas de moléculas com uma parte hidrofóbica (que rejeita a água) e outra hidrofílica (que ama a água). Na água, as partes hidrofóbicas se aglomeram, com as partes hidrofílicas no exterior da bola. As micelas podem se combinar e criar vesículas — glóbulos com duas camadas de moléculas que formam uma parede em torno de uma cavidade. As pontas hidrofóbicas das moléculas ficam dentro da parede, e as pontas hidrofílicas formam as superfícies interna e externa. A vesícula pode isolar na cavidade central um ambiente interno capaz de ser diferente do ambiente externo.

A VIDA MUDA TUDO

moléculas orgânicas e formava sistemas progressivamente mais complexos, talvez se desenvolvendo a partir de coacervados (ver o quadro da página 119).

Oparin propôs que a abiogênese (vida a partir da matéria inanimada) aconteceu por meio de uma mistura aleatória de substâncias. Seus achados foram corroborados em 1929 pelo biólogo americano John Haldane, que disse que os constituintes "se acumularam até que os oceanos primitivos atingiram a consistência de uma sopa quente diluída". A antiga mistura de substâncias que produziu a vida é comumente chamada de "sopa primordial".

Fazer sopa

Em 1953, Stanley Miller, aluno de pós-graduação da Universidade de Chicago, e seu professor Harold Urey resolveram recriar as condições da Terra primitiva.

A partir da proposta de Oparin de uma atmosfera rica em água, metano, amônia e hidrogênio, eles combinaram esse coquetel num sistema hermeticamente fechado. Então, aqueceram o "oceano" que tinham feito para reproduzir a atmosfera primitiva e expuseram o gás e o vapor a uma série de fagulhas elétricas para simular os raios que se achava serem comuns na Terra jovem. Esfriaram e condensaram a atmosfera, permitindo que "chovesse" de volta no oceano. Depois de apenas uma semana, 10% a 15% do carbono produziram compostos orgânicos, 2% sob a forma de aminoácidos. O "oceano" também continha as purinas e pirimidinas necessárias para fazer RNA e DNA, substâncias que transportam o código genético da vida.

Em 1961, Juan Oro descobriu que conseguia produzir aminoácidos, inclusive grande quantidade de adenina, a partir de cianeto de hidrogênio e amônia dissolvidos em água. A adenina é uma das quatro bases do DNA e do RNA e um

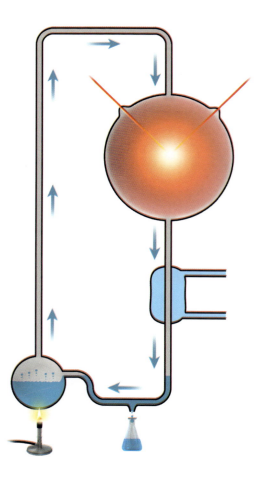

Equipamento usado no experimento de Miller-Urey para recriar as condições da Terra primitiva. Um oceano primordial simulado é aquecido no frasco. As setas azuis indicam o caminho do gás e do vapor. Fagulhas elétricas são aplicadas nessa "atmosfera", que então esfria num condensador. As amostras são coletadas e o resto do condensado retorna ao "oceano".

DESDE O COMECINHO

ingrediente básico do ATP (trifosfato de adenosina), substância fundamental para armazenar e liberar a energia nas células.

O salto

Para fazer a transição das substâncias orgânicas à vida, a matéria teve de desenvolver estratégias de auto-organização e duplicação. Hoje se acredita que as primeiras formas de vida usaram o RNA e não o DNA para guardar o código genético. O RNA é mais simples do que o DNA, pois é um filamento único de bases nucleotídicas e não dois filamentos unidos numa espiral dupla. A vida na Terra pode ter vindo de um hipotético "mundo de RNA" de moléculas que se autoduplicavam.

Uma hipótese sugere que as moléculas prebióticas ou até a vida na Terra em si vieram do espaço. As moléculas prebióticas, inclusive os aminoácidos, podem ser transportados por asteroides e meteoros. Algumas moléculas orgânicas poderiam estar presentes na poeira do disco protoplanetário e se incorporaram aos planetas desde o princípio. Essa ideia de que a vida se originou no espaço se chama "panspermia". Em 1783, o historiador natural francês Benoît de Maillet escreveu sobre a vida que começava de "germes" (sementes, não patógenos) que caíam no oceano vindos do espaço.

Há três variantes da teoria da panspermia. A vida pode vir do sistema solar (panspermia interplanetária ou "balística"), de fora do sistema solar (interestelar ou "litopanspermia") ou ser deliberadamente semeada por seres inteligentes do espaço (panspermia dirigida). Nas duas primeiras, ela chega por acaso em asteroides ou outros corpos, mas na última é disseminada deliberadamente.

> *"Devemos considerar provável no mais alto grau que haja incontáveis pedras meteóricas portadoras de sementes se deslocando pelo espaço. Se, no caso presente, nenhuma vida existisse nesta Terra, uma dessas pedras que caísse sobre ela poderia, pelo que cegamente chamamos de causas naturais, levá-la a se cobrir de vegetação."*
>
> Lorde Kelvin, 1871

O apoio à origem extraterrestre da vida na Terra aumentou com a queda na Austrália do meteorito Murchison em setembro de 1969. Em 2010, a análise de um pedaço encontrou 14.000 compostos moleculares diferentes, inclusive 70 aminoácidos; os pesquisadores acham que, na verdade, ele pode conter milhões de compostos orgânicos. O interior do meteorito é imaculado, o que não deixa dúvidas de que as moléculas prebióticas sobrevivem no espaço e podem ser trazidas à Terra, mas não dá pistas se essa foi uma fonte importante de prebióticos na Terra primitiva.

Desde o comecinho

O registro fóssil exige rochas, e obviamente não podemos encontrar nenhum fóssil mais antigo do que as rochas mais antigas disponíveis. O impacto que criou a Lua há 4,52 bilhões de anos teria derretido toda a superfície do planeta, esterilizando-o completamente. Isso não significa que não houvesse vida antes do impacto, só que depois dele foi preciso recomeçar.

A mais antiga prova incontexte da vida na Terra data de 3,5 bilhões de anos atrás. No entanto, as "assinaturas" químicas e

A VIDA MUDA TUDO

O meteorito Murchison pesava mais de 100 kg, representando um grande pedaço de rocha primordial do espaço.

Fonte termal Morning Glory, rica em sais minerais, no Parque Nacional de Yellowstone, onde florescem as arqueias.

algumas estruturas, inclusive as que existem em depósitos sedimentares formados na Groenlândia há 3,8 bilhões de anos, indicam que a vida pode ser muito mais antiga. O vestígio mais antigo de possível vida microbiana foi encontrado em rochas do Canadá que se precipitaram de chaminés hidrotermais entre 4,28 e 3,77 bilhões de anos atrás. Os organismos mais antigos tinham na membrana celular substâncias distintas que não se decompõem facilmente, e a sua presença é um bom indicador de vida.

Surgem as arqueias

Até meados do século XX, os organismos vivos em geral eram classificados simplesmente como plantas ou animais, grupos reconhecidos havia muito tempo. Quando ficou claro que essa divisão não era muito útil, surgiu um sistema de cinco reinos, formado por animais, plantas, bactérias, fungos e protistas. Foi praticamente um choque quando o microbiologista americano Carl Woese identificou um tipo de organismo inteiramente novo em 1977.

Quando estudava o DNA das bactérias, Woese descobriu que elas se separavam em dois grupos claros e muito diferentes. Um grupo, encontrado em temperaturas altíssimas ou que produziam metano, era geneticamente distante das outras bactérias e domínios da vida. Woese logo percebeu que não eram bactérias, mas um tipo específico de organismo primitivo, agora chamado de arqueia. Então, o sistema de cinco domínios foi reconfigurado para incluir arqueias, procariontes (que englobam as outras bactérias) e euca-

MUDANÇAS

riontes (que envolvem os outros quatro reinos).

Os primeiros organismos da Terra podem ter sido arqueias. Elas prosperavam em ambientes extremos e podiam ser tão felizes no "lago morno" de Darwin quanto numa chaminé escaldante no fundo do mar. Mas pode ter havido algo anterior às arqueias que, talvez, deu origem aos procariontes e eucariontes também. Esse ancestral mais antigo talvez nem tivesse membrana celular.

Mudanças

Sempre e onde quer que a vida começasse, isso mudou o ambiente imediato. Conforme morriam, os micróbios se depositavam no fundo do oceano ou do lago, criando os primeiros sedimentos orgânicos e deixando os primeiros indícios fósseis. As rochas sedimentares começaram a incorporar não só as rochas anteriores que tinham sido pulverizadas, carregadas e depositadas como os minúsculos restos mortais de coisas antes vivas.

Por volta de 3,5 bilhões de anos atrás, começaram a aparecer os estromatólitos, formados por esteiras microbianas — extensas colônias de micróbios que viviam muito próximos uns dos outros — com as partículas que capturaram, dispostas em camadas até formar rochas arredondadas. Os estromatólitos ainda se formam em algumas regiões do mundo, como a baía Shark, na Austrália, onde foram identificados em 1956. Eles crescem no ritmo de cerca de 1 cm a cada 25 anos.

Fotossíntese

As primeiras bactérias metanogênicas metabolizavam dióxido de carbono e produziam metano, dando à Terra uma atmosfera rica em metano. Então, entre dois e três bilhões de anos atrás, evoluíram micróbios capazes de fazer fotossíntese. Como as plantas modernas, usavam a energia da luz do sol e o dióxido de carbono da atmosfera para, com a água, produzir açúcares e liberar oxigênio. Isso preparou o palco para a atmosfera moderna, que possibilita praticamente toda a vida eucarionte, das amebas aos seres humanos, baleias azuis e sequoias. A data exata da evolução da fotossíntese ainda é discutida e varia em quase um bilhão de anos,

Estromatólitos revelados na maré baixa da baía Shark, na Austrália. Indícios fósseis semelhantes de 1,2 bilhão de anos atrás foram encontrados na África do Sul em 2018

A VIDA MUDA TUDO

mas o processo foi o segredo que deu início à vida que conhecemos na Terra.

Os organismos marinhos que fazem fotossíntese precisam viver perto da superfície do oceano, onde a luz do sol penetra. O seu sucesso foi rápido, pois havia bastante sol e nenhuma competição por ele. As bactérias metanogênicas foram forçadas para baixo. Elas ainda conseguiam funcionar nas profundezas, pois não precisavam da luz do sol, mas o metano que liberavam não podia entrar tão prontamente na atmosfera.

Todos os animais, até essas baleias azuis, dependem, em última análise, da energia fixada pela fotossíntese. As plantas e os micro-organismos fotossintéticos estão na base de todas as cadeias alimentares.

O Grande Evento de Oxigenação

A quantidade de oxigênio nos oceanos começou a aumentar. A princípio, ele reagiu com o ferro dissolvido e foi depositado como óxido de ferro (ferrugem), que caía no fundo do mar. Quando o sedimento se tornou rocha, o óxido de ferro foi incorporado a minerais como hematita e goethita, deixando faixas vermelhas características.

Finalmente, a maior parte do ferro dos oceanos foi oxidado. O oxigênio começou a escapar do oceano para a atmosfera num processo chamado de Grande Evento de Oxigenação (GEO), datado de 2,5 a 2,4 bilhões de anos atrás.

O aumento do nível de oxigênio promoveu o florescimento das algas, envolvidas na criação de ainda mais organismos que produziam oxigênio. Conforme os organismos morriam e afundavam, os detritos de suas células, que continham

carbono, se enterravam nos sedimentos, ou seja, havia menos carbono disponível para ser reciclado como dióxido de carbono. Essa redução dos gases do efeito estufa, além de mudar a composição da atmosfera, também esfriou o planeta.

O aumento do nível de oxigênio teve um efeito catastrófico sobre as formas de vida que prosperavam no ambiente sem oxigênio. Para eles, o gás era um veneno, e o GEO provocou o primeiro evento de extinção em massa conhecido de micróbios anaeróbicos.

Embora a quantidade de oxigênio aumentasse drasticamente, ainda era bem menor do que a de hoje. As medições dos diversos tipos de óxidos de cromo encontrados em rochas do Proterozoico intermediário (1,8 a 0,8 bilhões de anos atrás) só mostram 0,1% do nível atual. Bastava para envenenar os organismos anteriores, mas não para se desenvolverem organismos aeróbicos complexos como os animais.

Estufas e bolas de neve

As cianobactérias produtoras de oxigênio logo tiveram de enfrentar sua própria extinção em massa: uma mudança climática de escala inimaginável.

Conforme a quantidade de oxigênio aumentava na atmosfera, a de metano caía, e o oxigênio reagia com o metano para produzir dióxido de carbono. A atmosfera rica em metano ajudara a manter a Terra aquecida (desconfortavelmente, do nosso ponto de vista). Mas, como o dióxido de carbono é um gás do efeito estufa muito

As faixas vermelhas visíveis indicam óxido de ferro sob a forma de minério de hematita e foram criadas durante o Grande Evento de Oxigenação, que começou há cerca de 2,5 bilhões de anos.

menos potente, o efeito de aquecimento se reduziu muito. Parece que a mudança atmosférica mergulhou o planeta na primeira de várias fases de "Terra Bola de Neve", em que a temperatura caiu tanto que o gelo cobriu toda a superfície.

Os primeiros indícios de extensa glaciação na era Paleoproterozoica foram descobertos em 1907, nas rochas do lago Huron, na América do Norte. Duas camadas de depósitos não glaciais estão ensanduichadas entre três camadas glaciais formadas entre 2,5 e 2,2 bilhões de anos atrás. No século XX, surgiram indícios de depósitos glaciais no mesmo período em regiões distantes como África do Sul, Índia e Austrália, e ficou difícil resistir à ideia de que algo generalizado ocorreu.

Clastos caídos

Na década de 1960, o geólogo britânico Walter Brian Harland propôs episódios

A VIDA MUDA TUDO

de glaciação global depois de encontrar indícios geológicos da ação de geleiras em rochas que estavam nos trópicos 700 milhões de anos atrás. As geleiras arrastam detritos, de grãos de areia a rochedos, e, quando a parte inferior derrete, a geleira larga "clastos caídos" em sua esteira. A primeira pessoa a propor a ideia de uma idade do gelo na Terra foi o filósofo, poeta e estadista alemão Johann Wolfgang von Goethe, em 1784. Goethe sugeriu que os muitos clastos caídos grandes dos Alpes tinham sido transportados por geleiras durante um período de "frio medonho" em que um lençol de gelo cobriu a Alemanha. A ideia de que o planeta inteiro

FRIO GELADO

O geólogo americano Joe Kirschvink cunhou a expressão "Terra Bola de Neve" em 1989. A Terra passou por vários períodos de glaciação. Alguns foram eventos globais da "Terra Bola de Neve", outros foram menos intensos, com o gelo só cobrindo partes da superfície da Terra, e são chamados de "idades do gelo". Um período glacial precisa de pelo menos um lençol de gelo permanente, que pode se restringir a um ou ambos os polos. A maior parte dos eventos da Terra Bola de Neve e das idades do gelo têm períodos interglaciais, em que o gelo desaparece e volta.

As primeiras idades do gelo ocorreram no éon Arqueano. Depois, houve duas idades do gelo antes e depois do primeiro evento da Terra Bola de Neve, associado ao Grande Evento de Oxigenação. Estamos num período glacial agora, e estamos nele há 2,6 milhões de anos. Embora o clima esteja relativamente quente, ainda há calotas de gelo nos polos Norte e Sul. Em geral se considera que a última idade do gelo terminou há 11.000 anos, quando a calota do norte recuou da maior parte da Europa. No entanto, em termos geológicos ainda estamos na idade do gelo, com uma fase mais fria que terminou recentemente. Parece provável que a atividade humana dará fim à atual idade do gelo.

Vista do espaço, a Terra Bola de Neve ficaria quase inteiramente branca, coberta de neve e gelo.

Um clasto caído de quartzito depositado pelo movimento glacial em Itu, no estado de São Paulo, Brasil.

já tinha sido coberto de gelo parecia tão improvável que poucos se dispuseram a aceitá-la. Os cálculos mostraram que o Sol precisaria produzir 1,5 vezes mais energia do que produz hoje para a Terra escapar do estado de bola de neve. E, no passado distante, o Sol produzia menos energia do que hoje.

Mas foi a atividade tectônica, não o calor do Sol, que deu fim ao período frio da Terra. Os pedaços do leito do mar continuam a ser subduzidos nas bordas dos continentes, seja qual for a temperatura, e os vulcões despejam dióxido de carbono na atmosfera. Isso faz parte do ciclo lento do carbono. Mas outra parte do ciclo, o desgaste das rochas que remove dióxido de carbono da atmosfera, se desacelera e para em temperaturas muito baixas.

Normalmente, a chuva ácida (água com dióxido de carbono dissolvido) cai sobre os silicatos e dissolve parte da superfície, liberando íons de cálcio e bicarbonato. Esses se unem no oceano para produzir rochas carbonáticas, que guardam o carbono. Quando o desgaste se interrompe e a atividade vulcânica continua, mais dióxido de carbono é liberado do que removido. Ele se acumula lentamente na atmosfera, iniciando um efeito estufa que acaba causando um aquecimento descontrolado. Quando o gelo derrete, o albedo (refletividade) do planeta se reduz. Isso permite a absorção de mais calor do Sol, e o planeta se aquece ainda mais depressa.

Enfurnados

Parece impossível que a vida tenha sobrevivido a um evento da Terra Bola de Neve; provavelmente não sobreviveria se toda a água do planeta se congelasse. Alguns cientistas desconfiam que a Terra talvez fosse uma bola de neve um pouco mole, talvez com uma faixa ou bolsões de água líquida perto do equador. Outra teoria é de que o gelo realmente cobriu a superfície toda, mas pequenas áreas de atividade geotérmica deixaram nela buracos de crioconito. Esses se encheram de água líquida e permitiram que a vida se aguentasse até o fim do desastre.

Vidas velhas por novas

O Grande Evento de Oxigenação resultou no surgimento de formas de vida capazes de metabolizar oxigênio. Elas seguiram novos caminhos de desenvolvimento. Uma das mudanças mais significativas foi quando organismos unicelulares começaram a se agrupar em colônias e se tornaram organismos multicelulares. As células se diferenciaram para realizar funções diferentes e recorrer umas às outras. Talvez entre 2 a 2,5 bilhões de anos atrás, algumas cianobactérias e, quem sabe, outros organismos semelhantes tenham desenvolvido uma forma simples de multicelularidade.

O primeiro organismo claramente multicelular, datado de 2,1 bilhões de anos, foi encontrado no Gabão, na África, em 2008. O fóssil é um disco plano com fendas radiais e uma borda ondulada e mede 5 cm de diâmetro.

A princípio, os biólogos evolucionistas acreditaram que o salto de unicelular para multicelular deve ter sido difícil, mas recentemente se constatou que é bem fácil levar alguns organismos unicelulares a se tornarem multicelulares; o truque é restringir as condições do ambiente.

Num experimento de 2015, células de leveduras foram levadas a se tornar colônias multicelulares em apenas uma semana. Elas desenvolveram uma forma em "floco de neve", em que as células novas se agarram à célula-mãe em vez de se libertarem. Depois de três mil gerações, começa uma forma primitiva de repro-

Os buracos de crioconito se formam em áreas de atividade geotérmica ou quando o pó se deposita no gelo ou na neve. O depósito é mais escuro e, portanto, absorve melhor a radiação solar do que a área circundante.

Esses estranhos discos ondulados representam alguns dos primeiros organismos multicelulares dos quais temos indícios fósseis.

dução multicelular, com ramos liberados como novas colônias.

Os "Boring Billion"

Por mais fácil ou difícil que fosse a transição para a multicelularidade, parece que durante muito tempo não evoluiu uma grande variedade de organismos multicelulares mais complexos. Os paleontólogos costumam se referir aos anos entre 1,8 bilhão e 800 milhões de anos como o "Boring Billion", o "bilhão chato" ou "tedioso". Foi um período de relativa estabilidade, tanto em termos de geologia quanto de evolução, essencialmente parado nas células únicas em colônias ou em organismos multicelulares simples.

Os estudos dos depósitos no leito do mar relatados em 2014 revelam que nessa época o oceano era muito pobre em metais vestigiais. A concentração de oligoelementos essenciais aumentou de forma significativa há uns 660 milhões de anos, a tempo de produzir o incentivo à evolução que foi a Explosão Cambriana (ver a página 134). O interessante é que ela também aumentou na época do GEO, outra ocasião em que a vida prosperou.

O baixo nível de metais vestigiais no oceano pode ser explicado pela inatividade geológica que manteve os supercontinentes intactos. O nível de atividade tectônica com que estamos familiarizados hoje só começou há uns 750 milhões de anos. O nível de oxigênio também era relativamente baixo, principalmente no fundo dos oceanos. Em 1998, o geólogo americano Donald Canfield propôs que o oxigênio liberado no GEO só oxigenou os centímetros superiores da água do oceano. Abaixo disso, o nível elevado de sulfeto de hidrogênio predominava, levado para lá pelo desgaste das rochas e pela oxidação da pirita (sulfeto de ferro II). Pouca coisa vivia no oceano profundo, se é que vivia.

A evolução celular

Uma mudança importante ocorreu durante os anos do Boring Billion: a primeira célula eucarionte evoluiu. Essas células guardam suas informações genéticas codificadas em DNA fechado num núcleo cercado por uma membrana. Os eucariontes também têm outras partes cercadas por membranas, as chamadas organelas, que cumprem funções específicas. As arqueias registradas nas rochas mais antigas eram tipos de célula simplíssimos chamados de procariontes. As células procariontes têm uma sequência longa de DNA ou RNA, mas não têm núcleo para guardá-la. Elas dominaram o planeta durante cerca de 2,5 bilhões de anos.

Provavelmente, os eucariontes surgiram por volta de 1,5 a 1,84 bilhão de anos atrás. A datação pelo "relógio molecular", calculada com base em estudos genômicos, dá a data de 1,84 bilhão de anos, enquanto os microfósseis mais antigos confirmados datam de 1,5 bilhão de anos. Embora os primeiros eucariontes ainda fossem organismos unicelulares, todas as formas posteriores de vida complexa se desenvolveriam a partir desses pioneiros biológicos; somos todos eucariontes.

Em cativeiro

Parece que os eucariontes se desenvolveram escravizando os procariontes. Em 1967, a bióloga americana Lynn Margulis defendeu que os procariontes tinham sido absorvidos e postos a trabalhar dentro da célula eucarionte, num processo chamado de endossiombiose. Essa teoria se baseou

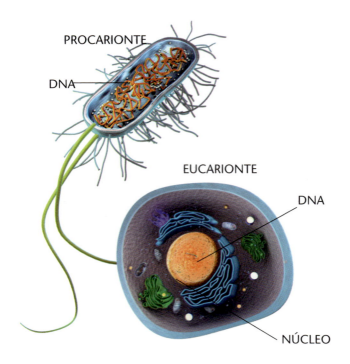

As células procariontes são organismos unicelulares. Não têm núcleo; seu DNA forma um laço que flutua livremente na célula.

As células eucariontes são mais complexas e podem ser encontradas em organismos unicelulares ou multicelulares. Têm um núcleo que contém o DNA e estruturas funcionais (organelas), todos cercados por membranas.

numa ideia proposta no século XIX que depois perdeu o favor. Os cloroplastos das plantas verdes, que realizam a fotossíntese, e as mitocôndrias, que são a "usina de energia" da célula e extraem energia de ligações químicas, representam procariontes que já foram livres e hoje existem de forma simbiótica dentro de células maiores.

As células eucariontes podem se reproduzir sexualmente, enquanto as procariontes só se reproduzem por divisão, e cada célula é uma cópia exata (um clone) da célula-mãe. A variedade genética só ocorre por mutação aleatória. Se ela for benéfica, a célula sobrevive e se reproduz, perpetuando a mutação. As células eucariontes muitas vezes conseguem combinar o DNA de dois pais, formando um filhote misturado com uma seleção aleatória de características genéticas de cada um deles. A variedade e as características benéficas podem surgir muito mais depressa com a reprodução sexuada.

Com isso, seria de esperar que logo as células eucariontes dominariam, mas elas enfrentavam um obstáculo considerável: precisavam de oxigênio, e a Terra ainda era pobre em oxigênio.

No fim do "Boring Billion", mais organismos eucariontes multicelulares complexos começaram finalmente a se desenvolver, talvez em consequência do aumento do oxigênio, dos minerais vestigiais e de habitats mais diversificados. Os primeiros organismos maiores podem ter sido as esponjas, que surgiram provavelmente há cerca de 750 milhões de anos — bem a tempo do clima bem frio do começo do próximo evento da Terra Bola de Neve.

VIDAS VELHAS POR NOVAS

A Terra se move

A atividade tectônica provavelmente foi rápida na Terra primitiva, formando cerca de 70% da superfície rochosa atual, e se desacelerou consideravelmente entre os três bilhões e os 750 milhões de anos atrás, enquanto a crosta esfriava e se espessava. Finalmente, o manto superior esfriou o bastante, com a crosta suficientemente grossa, para grandes placas de crosta oceânica serem puxadas para baixo nas zonas de subducção sem se quebrar, levando o leito do mar consigo e puxando as dorsais meso-oceânicas. Os continentes começaram a se mover, e desde então não pararam. O supercontinente Rodínia se dividiu, e as condições do mundo mudaram.

Um supercontinente tem uma faixa de terra chuvosa em torno de um interior ressequido. Quando a terra fica disposta em blocos menores, com mais litoral, há muito mais terra chuvosa e menos terra seca. A chuva aumenta o desgaste das rochas, tirando dióxido de carbono da atmosfera. Isso reduz o efeito estufa e permite que o calor escape para o espaço, esfriando o planeta. O evento seguinte da Terra Bola de Neve aconteceu por volta de 715 milhões de anos atrás, e a temperatura caiu para uns –20°C.

O planeta pode ter sido empurrado para essa nova catástrofe gelada por um gatilho específico, talvez sob a forma de erupções vulcânicas extremas. Elas podem ter enchido a atmosfera superior com aerossóis de enxofre que refletem a radiação solar de volta para o espaço, impedindo que o calor do Sol chegue à Terra. Erupções como essa ocorreram entre 719 e 717 milhões de anos atrás, numa área que hoje faz parte do Canadá ártico. Elas e o rompimento do super-

Uma esponja Xestospongia muta solta seus gametas no mar de Sulu, nas Filipinas.

continente podem ter levado a Terra a um ponto de virada, com a temperatura despencando. A água se congelou no ar e cobriu a terra e o mar com uma camada de geada, gelo e neve, que refletiam ainda mais a radiação solar, intensificando o frio.

Provavelmente, os organismos vivos também tiveram seu papel. Quando morreram e afundaram até o leito do mar, os organismos que viviam perto da superfície do oceano e absorviam dióxido de carbono levaram consigo o carbono fixado. Ele se incorporou à formação de rochas a partir dos sedimentos e foi efetivamente removido pelo ciclo do carbono. Durante oitenta milhões de anos, o clima foi um torvelinho. O período inicial de Bola de Neve durou 58 milhões de anos. Depois a Terra degelou, mas dali a dez milhões de anos congelou outra vez.

De volta do gelo profundo

Como antes, a atividade vulcânica incansável finalmente produziu dióxido de carbono suficiente para derreter o

A VIDA MUDA TUDO

mundo mais uma vez. Em 1992, o geólogo americano Joe Kirschvink sugeriu que houve uma transição súbita para as condições do efeito estufa no fim da glaciação. O planeta pode ter passado de bola de neve a estufa em apenas 2.000 anos, mais ou menos.

O movimento incansável das geleiras durante o evento da bola de neve esmerilhou a superfície das rochas e as levou para o mar como sedimentos ricos em fósforo. Quando a temperatura subiu e os organismos começaram a se reproduzir rapidamente, houve um bom suprimento de nutrientes minerais para alimentá-los.

A vida se recupera

Parece haver um vínculo entre a Terra Bola de Neve e a evolução de organismos mais complexos. Os primeiros animais não microscópicos — a biota ediacarana — surgiu há 575 milhões de anos. Entre eles estavam o *Tribrachidium*, com sua simetria tríplice, e o *Dickinsonia*, descoberto em 1947. Esse organismo plano, discoide e segmentado não tinha partes duras. Foi finalmente classificado como animal — o mais antigo conhecido — em 2018, quando vestígios fósseis moleculares de colesterol, um biomarcador da vida animal, foram encontrados num espécime bem preservado. Além de fósseis difíceis de classificar de organismos de corpo mole, há vestígios fósseis ediacaranos, como tocas de minhoca.

O Ediacarano não era um lugar movimentado. O leito do mar, pelo menos no raso, estava coberto por um tapete de limo microbiano, e nele viviam estranhos organismos acolchoados, presos diretamente ao fundo por hastes ou rastejando para se alimentar do limo. Mas logo tudo mudaria. O fundo do mar se tornaria uma colmeia de atividade, exibindo artrópodes com patas articuladas, as primeiras criatu-

À esquerda:
O Dickinsonia *ediacarano é o animal mais antigo conhecido, de 575 a 541 milhões de anos atrás.*

Página ao lado:
Um molde do franzido Charnia, *primeiro organismo complexo pré-cambriano a ser aceito.*

A VIDA SE RECUPERA

ras que podiam ver e velozes predadores com dentes.

Uma explosão de vida

O período ediacarano se estende do fim da Terra Bola de Neve, há 635 milhões de anos, até o início da era Cambriana, uns 541 milhões de anos atrás, quando podemos considerar que começou o mundo moderno. O Cambriano viu uma diversificação rápida e extremada de animais bem sofisticados — todos os principais filos de animais modernos surgiram nessa época.

No século XIX, Charles Darwin observou essa mudança súbita da comunidade viva da Terra e descobriu, consternado, que parecia contradizer a sua teoria da evolução. Ele afirmou que a vida se acumulara e mudara lentamente durante milhões de anos. Mas o registro fóssil sugeria um ponto de partida abrupto e extremamente populoso, com grande diversidade de espécies surgindo onde antes não havia nada.

O geólogo J. W. Salter desconfiou que devia haver fósseis pré-cambrianos em rochas tiradas do Longmyndian Supergroup, em Shropshire, na Inglaterra, mas nada encontrou, a não ser alguns possíveis vestígios fósseis de tocas. Desde então, se descobriu que as mesmas rochas são ricas em fósseis microbianos, que os paleontólogos vitorianos não podiam ver. A razão do "dilema de Darwin", como passou a ser chamado, é que os organismos pré-cambrianos não tinham partes do corpo duras, e não havia nada que pudesse se fossilizar com facilidade.

Comer e ser comido

Na Explosão Cambriana, houve um aumento gradual do nível de oxigênio, mas uma influência mais importante na evolu-

> "À pergunta de por que não encontramos ricos depósitos fossilíferos pertencentes a esses [...] períodos anteriores ao sistema cambriano, não posso dar resposta satisfatória."
> Charles Darwin, *A origem das espécies*, 1859

A VIDA MUDA TUDO

ção foi o surgimento do comportamento predatório. Os organismos ediacaranos tinham se alimentado de limo, dos tapetes microbianos e dos micróbios à deriva no mar; eles não se comiam. Quando alguns começaram a se comer, a relação entre presa e predador alimentou a evolução rápida. Organismos sésseis, de corpo mole, eram um alvo fácil e tiveram de desenvolver estratégias defensivas, como conchas duras. Para não serem comidos, alguns organismos se tornaram capazes de movimento; e a vantagem de enxergar, tanto para predador quanto para presa, incentivou a evolução da visão.

O efeito da Explosão Cambriana pode ser visto no mundo inteiro, mas alguns leitos fósseis especialmente ricos, como os do Canadá (o Folhelho Burgess) e da China (Qingjiang, descoberto em 2007) trouxeram provas de uma considerável superposição de espécies.

O Folhelho Burgess

O Folhelho Burgess é um depósito de fósseis riquíssimo perto de Burgess

TESTE DO CLIMA CAMBRIANO

Os cientistas examinam testemunhos de gelo e anéis de árvores, inclusive as fósseis, para descobrir informações sobre o clima e a atmosfera da Terra. Mas os dados dos testemunhos de gelo só chegam a alguns milhões de anos. Não há dados desses anteriores ao início do atual período glacial, porque não havia calota de gelo no período interglacial quente. Não poderia haver anéis de árvores antes que as árvores evoluíssem. Para descobrir mais sobre a era Cambriana, os cientistas medem a proporção dos diversos isótopos de oxigênio incorporados aos fósseis. As criaturas marinhas fixam oxigênio do mar na concha. A razão entre os isótopos de oxigênio corresponde à razão no mar durante a sua vida e pode ser usada para calcular a temperatura na época. Em 2018, a análise de conchas microscópicas de braquiópodes cambrianos confirmou que a Explosão Cambriana ocorreu durante um período de estufa, quando a Terra se aqueceu.

O moderno Priapulida *ou verme-pênis é um animal simples não segmentado que vive abaixo da superfície do leito do mar. O do Cambriano conseguia virar a boca de dentro para fora e usar os minúsculos dentes da garganta, parecidos com os de um ralador de queijo, para se arrastar pelo chão.*

A VIDA SE RECUPERA

Pass, nas Rochosas canadenses. Foi descoberto em 1909 por David e Helena Walcott e se tornou a primeira prova da Explosão Cambriana. Lá, encontram-se fósseis cambrianos muito diferentes e extremamente bem preservados, com as partes moles do corpo intactas. Há dez bolsões separados de leitos fósseis, e a pedreira Walcott é o mais famoso.

Mais de duzentos mil fósseis foram recolhidos no local, representando tipos diferentes de artrópodes, organismos de corpo mole e plantas. Também há muitos microfósseis de algas e micróbios. Noventa e oito por cento dos fósseis representam organismos sem partes duras no corpo, que em geral se perderiam para a fossilização. No total, foram encontradas cerca de 150 espécies.

Os fósseis foram depositados há cerca de 505 milhões de anos, 35 milhões de anos depois da Explosão Cambriana. Provavelmente, foram preservados quando um deslizamento de lama caiu na área do leito do mar onde os organismos viviam, sepultando-os imediatamente em sedimentos profundos. Eles morreram instantaneamente — a posição do corpo mostra que não se encolheram nem tentaram sair da lama. O Canadá e a localização do Folhelho Burgess ficavam logo ao sul do equador na época, de modo que os fósseis representam a fauna do mar tropical.

Mais ou menos na mesma época da Explosão Cambriana, ocorreu outra mudança significativa. Organismos maiores do que algas e bactérias começaram a colonizar um ambiente inteiramente novo: a terra.

No Cambriano, os mares eram povoados por criaturas estranhas como esses Opabinia *— animais articulados com 5 cm de comprimento, cinco olhos e uma probóscide para agarrar as presas.*

CAPÍTULO 7

Terra **VIVA**

"Tenha sempre em mente que cada ser orgânico se esforça para aumentar [...] que cada um, em certos períodos da vida, [...] tem de lutar pela vida e sofrer grande destruição. [...]A guerra da natureza não é incessante [...] os vigorosos, os saudáveis e os felizes sobrevivem e se multiplicam."
　　　　　Charles Darwin, *A origem das espécies*, 1859

Durante cerca de três bilhões de anos, quase tudo o que vivia neste planeta estava no mar. Então, há apenas um instante de tempo geológico, os pioneiros se arrastaram para fora dos oceanos e começaram a configurar o mundo de um jeito novo. As coisas vivas tomaram posse da Terra e mudaram rochas, ar e clima.

O Tiktaalik viveu há uns 375 milhões de anos e chegava a três metros de comprimento. Foi descoberto em 2004 e descrito e reconhecido como criatura de transição em 2006. Embora tivesse escamas e guelras como um peixe, também tinha pulmão e articulação nos punhos e conseguia se sustentar em terra.

TERRA VIVA

A ida para a terra

Além dos micróbios, os primeiros organismos a se aventurar em terra fizeram a migração entre 500 e 450 milhões de anos atrás. Há uma boa razão química para a vida não se aventurar em terra muito antes disso, mais uma vez ligada ao oxigênio.

A água como filtro solar

Por volta de 600 milhões de anos atrás, a quantidade de oxigênio na atmosfera aumentou sem parar, e o planeta desenvolveu uma fina camada de ozônio. O ozônio é produzido quando os raios ultravioletas quebram algumas moléculas de oxigênio na atmosfera, e aí o oxigênio atômico (O) e molecular (O_2) se combinam para formar ozônio (O_3). Quando se espessou, a camada de ozônio bloqueou parte dos raios ultravioletas do Sol.

O ultravioleta é prejudicial às células vivas. A água bloqueia o ultravioleta, e os organismos que vivem no mar estão protegidos dele. A Explosão Cambriana coincidiu com o espessamento suficiente da camada de ozônio para bloquear alguma radiação, talvez possibilitando que organismos vivessem na água mais rasa. Os organismos fotossintéticos precisavam que luz do sol suficiente penetrasse na água para permitir a fotossíntese, mas não a ponto de causar dano celular. Outros viviam melhor em águas mais profundas, longe do perigo.

Entre 480 e 460 milhões de anos atrás, a camada de ozônio engrossou a ponto de permitir que os primeiros colonos terrestres sobrevivessem fora d'água. Eles viviam em rochas na zona intermarés, onde o nível da água subia e descia diariamente. A partir deles, as primeiras plantas terrestres primitivas se desenvolveram. Provavelmente, usavam substâncias como a citonemina como filtro solar natural. Quando a camada de ozônio

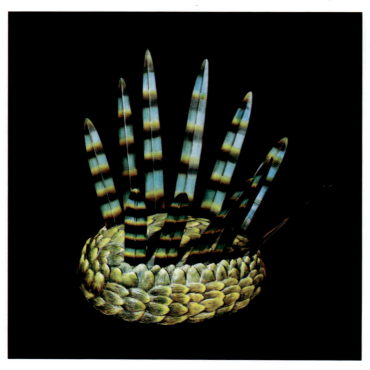

A Wiwaxia *era uma criatura cambriana de corpo mole com até 5 cm de comprimento. Era protegida por espinhas nas costas.*

CRIAÇÃO DO SOLO

ficou mais espessa, essa proteção não foi mais necessária, e mais organismos se adaptaram à vida em terra firme. Mas, antes que as plantas pudessem existir, outra coisa teve de aparecer: o solo, para lhes fornecer nutrientes.

Criação do solo

Hoje, o solo é uma mistura complexa de matéria inorgânica (areia, rochas, argila) e orgânica (pedacinhos de plantas, animais e micróbios mortos). As amostras de solo mais antigas têm cerca de três bilhões de anos e resultam da decomposição física e química das rochas da superfície da Terra. Os primeiros solos bióticos se desenvolveram quando cianobactérias e outros micróbios cresceram primeiro nas zonas intermarés e depois avançaram mais para o interior. Quando os tapetes microbianos começaram a esverdear a terra com limo, seus corpos minúsculos acrescentaram matéria orgânica ao solo em desenvolvimento. Onde esse solo primitivo se acumulou em bolsões nas rochas perto da praia, o ambiente não se tornou imediatamente muito hospitaleiro, mas se enriqueceu com o tempo. Até certo ponto, mesmo a simples cobertura dos tapetes microbianos estabilizou a terra, desacelerando o ritmo da erosão e mantendo o solo unido. A cobertura microbiana também acrescentou ácidos orgânicos ao solo. Com a matéria mantida no mesmo lugar por mais tempo e com mais substâncias em que atuar, o desgaste químico e a decomposição poderiam avançar, mas ainda não o suficiente para sustentar as plantas.

Sem problemas com os líquens

O segredo para explorar e tornar mais viável o solo primitivo foram os líquens. Como organismos compostos, os líquens são o produto de uma relação simbiótica entre algas ou cianobactérias e fungos. As algas ou cianobactérias fazem fotossíntese e produzem energia; os fungos, com seus filamentos longos e finos, são bons para coletar água. Os líquens com cianobactérias podem absorver o nitrogênio da atmosfera e fixá-lo, liberando-o no solo quando morrem. O mais importante é que os líquens colonizam rochas nuas; eles não precisam de solo. Isso os capacitou a explorar a terra árida, embora não saibamos exatamente quando isso aconteceu

Os líquens que crescem nas rochas de hoje são praticamente os mesmos de centenas de milhões de anos atrás.

TERRA VIVA

UM BURACO NA CAMADA DE OZÔNIO

Uma camada de ozônio a 15-30 km acima da superfície da Terra protege as coisas vivas da radiação solar prejudicial. O ozônio compõe menos de 10 partes por milhão ou 0,001% dos gases nesse nível, portanto a camada não é de ozônio puro.

Em 1985, surgiram indícios da redução do ozônio sobre a Antártica; foi o chamado "buraco" na camada de ozônio. A investigação da NASA revelou que o problema se estendia sobre toda a região. A redução do ozônio não se limita à Antártica, mas o efeito é pior lá.

Mesmo antes da descoberta, Mario Molina e Sherwood Roland, dois químicos americanos, tinham proposto em 1974 que os gases CFC (clorofluorcarbonetos) poderiam ameaçar a camada de ozônio. Os CFC eram amplamente usados em latas de aerossol e como líquido de arrefecimento em geladeiras. O "buraco" se forma na primavera do hemisfério sul e se fecha parcialmente mais tarde, mas estava se fechando um pouco menos a cada ano. Em 1987, um acordo mundial para eliminar o uso de CFC foi inserido no protocolo de Montreal, ratificado por todos os 197 países-membros da ONU. Foi um ato extraordinário de cooperação diante da catástrofe climática que assomava.

Agora, a camada de ozônio se recupera lentamente, e espera-se que o buraco sobre a Antártica se feche até 2060, se não houver mais danos. A crise do ozônio foi a primeira pista de que uma espécie, a humanidade, poderia destruir facilmente as condições atmosféricas que tornam possível a vida em terra firme.

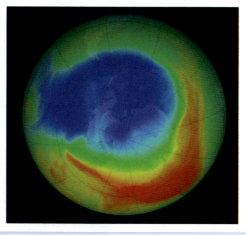

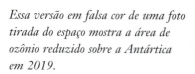

Essa versão em falsa cor de uma foto tirada do espaço mostra a área de ozônio reduzido sobre a Antártica em 2019.

CRIAÇÃO DO SOLO

— talvez em algum momento entre 700 e 550 milhões de anos atrás.

Conforme se deslocavam lentamente para o interior, os líquens fizeram solo e o enriqueceram, até que uma segunda onda de organismos colonizou a terra. As plantas simples evoluíram ao longo do litoral há uns 440 milhões de anos. A princípio, eram briófitas — plantas não vasculares, como as hepáticas e os musgos. Como os líquens, elas também cooperavam com os fungos. As micorrizas, fungos que vivem entre as raízes das plantas, evoluíram há cerca de 500 milhões de anos (antes que houvesse coisas com raízes). Ao lado das primeiras plantas, os filamentos das micorrizas conseguiam se enterrar nas rochas, liberando nutrientes como fósforo e cálcio e fixando nitrogênio. Em troca, as plantas que faziam fotossíntese forneciam alimento aos fungos.

O alicerce da vida

Os fungos das micorrizas ajudaram a manter unidas as partículas do solo e lhes deram estabilidade. Quando morreram e se decompuseram, as primeiras plantas contribuíram para a mistura, tornando o solo mais complexo, mais rico em nutrientes e com uma estrutura mais adaptada a reter água. O terreno estava (literalmente) pronto para a disseminação das plantas em terra.

Essas primeiras plantas simples forneceram alimento para os animais. Os primeiros eram invertebrados, que foram para a terra no meio do Siluriano (444 a 419 milhões de anos atrás). Eram animais como ácaros, aranhas e colêmbolos, que viviam entre os musgos e rastejavam sobre os líquens. Como as plantas, acompanhavam o caminho da água e viviam perto de rios e riachos.

A Cooksonia, descoberta em 1937, é a mais antiga planta conhecida a ter haste e tecido vascular. É uma forma de transição entre as briófitas e as plantas vasculares.

141

TERRA VIVA

As plantas vasculares com hastes e, mais tarde, folhas evoluíram a partir das briófitas. Começaram a se reproduzir com esporos que podiam ser soprados mais para o interior. Durante o período Devoniano (419 a 359 milhões de anos atrás), surgiram plantas mais complexas. Seu sofisticado sistema de raízes mantinha o solo unido com muito mais firmeza, e não era fácil lavá-lo ou soprá-lo. Esse material recém-estabilizado apresentava grande variedade de componentes químicos e formava o húmus espesso e rico do tipo que vemos hoje. As plantas se espalharam pelas massas continentais, e logo surgiram áreas de vegetação luxuriante no clima quente.

"Coisas viscosas rastejavam com pernas"

Depois das plantas, vieram os animais. A princípio, essas criaturas pioneiras eram artrópodes, mas, no fim do período Devoniano, cerca de 375 milhões de anos atrás, foram seguidas pela evolução dos peixes, que se alçaram pela margem sobre nadadeiras que se tornaram parecidas com muletas, com ossos de apoio. Esses "peixápodes" desenvolveram a capacidade de respirar ar e acabaram evoluindo como anfíbios, os primeiros animais terrestres de quatro patas. Enquanto isso, no mar, os peixes se diversificaram rapidamente; às vezes o Devoniano é chamado de "era dos peixes". Entre eles, estavam os peixes com nadadeiras lobadas (dos quais evoluíram os tetrápodes terrestres) e imensos peixes blindados chamados placodermos.

Conforme a vida no planeta se desenvolvia como um ecossistema complexo que se estendia cada vez mais para o interior, os dejetos animais foram acrescentados ao solo, aumentando sua fertilidade. Durante o Carbonífero (360 a 299 milhões de anos atrás), vastas florestas se espalharam em áreas de terra quente e pantanosa. Eram povoadas por licopódios gigantes, samambaias do tamanho de árvores, cavalinhas e árvores, com anfíbios

CRIAÇÃO DO SOLO

e artrópodes prolíficos e cada vez maiores. Conforme a vegetação tirava dióxido de carbono da atmosfera e o substituía por oxigênio, o nível deste subiu para 35% (hoje, a atmosfera contém apenas 21% de oxigênio). Parece que o alto teor de oxigênio favoreceu os artrópodes gigantes

A floresta do Carbonífero era cheia de artrópodes e anfíbios gigantes.

143

TERRA VIVA

MUDANÇA DOS RIOS

O crescimento das plantas afeta diretamente a paisagem. Onde há vegetação, a mudança rápida das redes de rios entrelaçados se altera para um único canal sinuoso; isso acontece porque as raízes mantêm as margens firmes, e isso direciona o fluxo da água. Um dos primeiros sinais da perda de plantas durante um evento de extinção é a adoção pelos rios de padrões entrelaçados, como o dos deltas.

Abaixo: O rio Rakaia, na Nova Zelândia, mostra o padrão entrelaçado típico de áreas com pouca vegetação.

Embaixo: O rio Cononaco, no Equador, tem um único canal, característico dos rios que cortam áreas de vegetação fechada.

CRIAÇÃO DO SOLO

O JOGO DA PRESERVAÇÃO

Os tipos de fóssil mais conhecidos são os de partes duras do corpo, como ossos, dentes e conchas, que se fossilizam mais prontamente. Elas não se decompõem tão depressa e é comum sobreviverem mesmo quando as partes moles do corpo são consumidas por saprófagos ou decompositores. Os ossos e dentes de dinossauros e a concha das amonitas geralmente vêm à mente quando pensamos em fósseis.

Às vezes, tecidos moles como penas e pele se fossilizam se forem enterrados com velocidade suficiente nas condições corretas. Há relativamente poucos fósseis de animais de corpo mole, como águas-marinhas, não porque os animais fossem raros, mas porque eles não se fossilizam facilmente. A maior parte das espécies vivas do mundo de hoje é de insetos, mas poucos se tornarão fósseis. Quaisquer espécies futuras que examinem o registro fóssil do século XXI provavelmente obterão uma impressão distorcida da distribuição de espécies de corpo duro ou mole. Atualmente, metade da biomassa animal é formada por artrópodes, mas é improvável que borboletas, pulgões e aranhas se tornem fósseis. A probabilidade é que tenhamos um registro igualmente distorcido do passado.

Os vestígios fósseis (ou icnofósseis) preservam as marcas de onde os organismos estiveram e incluem pegadas, tocas, ninhos, excrementos ou conteúdo estomacal (coprólitos). Se um animal deixou pegadas na areia ou na lama que foram cobertas de sedimentos antes de sumir, é possível separar os tipos diferentes de rocha da superfície do solo original e do sedimento compactado e revelar a pegada.

Outro exemplo de vestígio fóssil é o contorno de tecido mole que desapareceu, mas deixou uma cavidade. Às vezes os paleontólogos usam os vestígios fósseis para montar uma cena dramática do passado distante — os movimentos de um tipo de animal caçando outro, ou da mãe andando ao lado do filhote, por exemplo.

— libélulas do tamanho de gaivotas e centopeias com dois metros de comprimento, escorpiões e baratas de um metro — além de anfíbios parecidos com crocodilos, de seis metros de comprimento. Pode parecer um pesadelo, mas essas criaturas eram a realidade cotidiana das florestas do Carbonífero.

Das árvores ao combustível fóssil

Quando morriam e caíam no pântano, as árvores que se espalharam por todas as massas terrestres continentais se enterravam na lama e se fossilizavam, acabando por se transformar nos primeiros depósitos de carvão. O dióxido de carbono absorvido por essas primeiras árvores

TERRA VIVA

RESERVATÓRIOS DE PETRÓLEO E GÁS

O carvão é feito de material vegetal, mas o petróleo e o gás natural (metano) são produzidos pela decomposição e pela compressão de material orgânico no fundo do mar, que se origina com o depósito de algas, plâncton e outros organismos, a maioria deles minúsculos. Quando esses organismos são profundamente enterrados, a pressão e a temperatura sobem; por meio de uma série de reações, as substâncias do seu corpo são decompostas e reconfiguradas como petróleo ou gás. Esses dois migram para cima por aberturas na rocha até encontrar uma camada

Plantas e animais mortos caem no fundo do mar.

Plâncton

Resíduos orgânicos
Água pobre em O_2

Pressão e calor elevados transformam a lama em rocha.

A lama se acumula em camadas e pressiona

Rocha

400-300 MILHÕES DE ANOS ATRÁS   100-50 MILHÕES DE ANOS ATRÁS

ficou trancado no subsolo durante mais de 300 milhões de anos, deixando os animais da época a se deleitar na atmosfera rica em oxigênio. Quando os depósitos de carvão foram descobertos e queimados no decorrer de cerca de duzentos anos, milhões de anos de carbono armazenado foram rapidamente liberados na atmosfera.

Boa parte das florestas do Carbonífero crescia na beira das placas tectônicas, que se chocaram quando as massas terrestres se deslocaram e Pangeia, o último supercontinente, começou a se formar. Os depósitos de madeira apodrecida foram empurrados para o subsolo e se tornaram os veios de carvão que hoje em dia correm abundantes por morros e cordilheiras.

Animal, vegetal, mineral

Os animais e plantas de terra e mar se fossilizaram e nos deixaram um registro de suas formas e estruturas. Os animais, principalmente aqueles com partes duras no corpo, como conchas, dentes e ossos, muitas vezes foram preservados intactos.

ANIMAL, VEGETAL, MINERAL

que não consigam ultrapassar. Com o tempo, forma-se um reservatório sob essa camada, que se transforma nos depósitos de petróleo e gás que exploramos hoje.

Boa parte do carvão se depositou no período Carbonífero, há mais de trezentos milhões de anos, mas em geral o petróleo é mais recente. O petróleo mais antigo datável tem apenas duzentos milhões de anos, e a maior parte é bem mais nova.

Formação de petróleo e gás, de 400 milhões de anos atrás até os dias atuais.

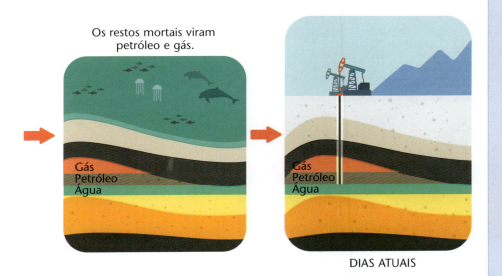

Embora haja bilhões de fósseis, a fossilização em si era rara; a maior parte dos organismos se decompunha e suas substâncias eram recicladas. Os fósseis que sobreviveram nos permitem montar a história da evolução da Terra.

"Esportes da Natureza"

No passado, as pessoas que descobriam fósseis nem sempre entendiam o que eram; em geral, eles eram considerados *lusus naturae* — "esportes da Natureza". Quando se percebeu que algumas rochas de formato estranho eram restos mortais de coisas vivas, nosso entendimento da Terra e de sua história foi revolucionado. Hoje, a noção é tão familiar que passa despercebida.

Já no século VI a.C., o filósofo grego Xenófanes de Cólofon (c. 570-c. 478 a.C.) reconheceu as conchas fossilizadas de moluscos como restos de criaturas mortas havia muito tempo. Ele deduziu que a terra seca onde foram encontradas já tinha sido o fundo de um mar e usou isso em apoio à sua teoria de que tudo é feito

TERRA VIVA

> "Os fósseis foram estudados há muito tempo como grandes curiosidades, coletados com grande esforço, guardados com muito cuidado [...] e isso foi feito por milhares que nunca deram a menor atenção a essa ordem e regularidade maravilhosas com que a Natureza dispôs essas produções singulares e atribuiu a cada classe seu estrato peculiar."
> William "Strata" Smith, geólogo inglês, 1796

À esquerda: *Um vestígio fóssil: a pegada de um dinossauro na região de Sataplia, na Geórgia.*

Página ao lado: *Os montes Taihang, nas províncias de Shanxi, Hebei e Henan, na China, já estiveram embaixo d'água e produzem fósseis marinhos.*

de terra e água. Ele também conjeturou que a Terra passa por fases úmidas e secas, e nas fases úmidas tudo vira lama e todos os seres humanos morrem. Os fósseis de criaturas marinhas mostravam que viveram numa fase úmida da história da Terra. Embora estivesse errado, Xenófanes foi a primeira pessoa a usar indícios fósseis num argumento paracientífico. Heródoto (484-425 a.C.) citou as conchas encontradas no Egito como prova de que a terra já estivera embaixo d'água. Ele escreveu que viu num vale dos montes Mokattam "as vértebras e costelas de serpentes tais que é impossível descrever; das costelas, havia muitos montes". Eratóstenes (276-194 a.C.) e Estrabão (64 a.C.-24 d.C.) escreveram sobre fósseis marinhos, indicando que a terra então acima d'água já fora submarina.

Cerca de 1.500 anos depois de Xenófanes, no outro lado do mundo, o administrador e cientista chinês Shen Kuo (1031-1095) concluiu, pela presença de criaturas marinhas fossilizadas, que os montes Taihang já tinham estado sob o mar. Ele também percebeu que uma floresta fóssil de bambu numa área não mais adequada ao crescimento da planta era a prova da mudança climática.

Leonardo da Vinci percebeu que as conchas fossilizadas que encontrou eram

NASCIDO DO CHÃO

relíquias de organismos mortos havia muito tempo. (Ele não publicou seus achados e os manteve escondidos em cadernos codificados.) Essas, como as conchas encontradas pelos escritores anteriores, eram muito parecidas com as espécies existentes e, assim, fáceis de identificar.

Mais complicados eram os fósseis que não se pareciam com os organismos existentes. Alguns primeiros estudiosos os consideraram provas da existência de animais mitológicos, como os dragões. Uma interpretação cristã dizia que essas criaturas há muito perdidas tinham morrido no dilúvio de Noé e nunca mais foram vistas; o dilúvio era usado para explicar por que algumas criaturas marinhas fósseis foram parar em terreno elevado — simplesmente foram deixadas lá quando a água baixou.

> *"Vi conchas bivalves e rochas ovoides correndo horizontalmente por um penhasco como um cinturão. Isso já foi uma praia, embora o mar hoje esteja centenas de milhas a leste. O que chamamos de nosso continente é uma inundação de lodo."*
> Shen Kuo, *Ensaios do Lago dos Sonhos*, entre 1080 e 1088

Nascido do chão

O modo como se formavam os fósseis era um enigma. Aristóteles sugeriu que cresciam naturalmente do chão para lembrar formas orgânicas. Em geral, sugeria-se que a força que configurava plantas e animais era a mesma que moldava as pedras em formas que lembram organismos naturais. Acreditava-se que a correspondência

TERRA VIVA

> **ONDE JÁ ESTEVE O MAR**
> Os *Ensaios do Lago dos Sonhos* (1088), do polímata e diplomata chinês Shen Kuo, registravam os fenômenos naturais e a vida selvagem que ele observou e estudou nas suas viagens pela China. Ele esboçou uma teoria da formação das rochas que envolvia a erosão das montanhas, o depósito de lodo para formar rochas sedimentares e a ação da elevação para criar montanhas. Também identificou fósseis de conchas bem longe do mar e os interpretou como prova de que as montanhas já tinham sido submarinas. Essas descobertas predataram as correspondentes europeias em quinhentos anos ou mais.

entre as formas resultava do modo como a força funciona — ou que indicaria uma correspondência maior entre os reinos micro e macro, o que seria de esperar num universo harmonioso e perfeitamente ordenado por um deus.

Uma explicação neoaristotélica sugeriu que o espírito vegetativo (*anima vegetativa*), que produzia a geração espontânea de alguns organismos diretamente da matéria inanimada, também agia sobre as rochas para produzir formas semelhantes. Portanto, um fóssil parecido com um peixe era produto das mesmas forças que atuavam na matéria orgânica para gerar um peixe (só que atuando na rocha), talvez a partir da lama do fundo do rio.

Em 1027, o naturalista persa Ibn Sina (conhecido na Europa como Avicena) desenvolveu a ideia proposta por Aristóteles de que algum tipo de "fluido petrificante" era responsável por transformar antigas conchas em pedras. No século XIV, Alberto da Saxônia explicou melhor a ideia, que não foi questionada durante mais duzentos anos, pelo menos. O francês Bernard Palissy (1510-89), ceramista, engenheiro

> *"Entre uma camada e outra permanecem vestígios dos vermes que se arrastavam entre elas quando ainda não tinham secado. Toda a lama do mar ainda contém conchas, e as conchas se petrificam junto com a lama."*
> Leonardo da Vinci, *Codex Leicester*

hidráulico e cientista natural amador, propôs que os minerais se dissolvem em água para formar "água congelativa"; depois, se precipitam, petrificam organismos mortos e criam fósseis. Essa descrição não está tão longe assim da verdade.

Em 1546, Geórgio Agrícola descreveu vários tipos de pedra que considerava parecidas com organismos vivos. Não sugeriu que fossem orgânicas e preferiu a descrição tradicional de que tinham crescido no chão e adotado formas orgânicas, mas que não eram de origem orgânica. (Naquela época, "fósseis" significava qualquer coisa desenterrada do chão.)

Com a nova atitude mais esclarecida perante a ciência que caracterizou os

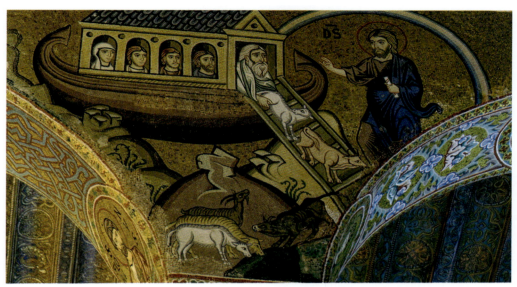

Para alguns antigos pensadores, o dilúvio de Noé explicava por que se encontram fósseis marinhos nas montanhas.

séculos XVII e XVIII, o debate sobre a origem orgânica ou inorgânica dos fósseis esquentou. Cientistas como o microscopista inglês Robert Hooke (1635-1703) e o médico e geólogo dinamarquês Nicolas Steno argumentaram que os fósseis se formaram a partir de antigos organismos vivos que, de algum modo, se petrificaram. No outro lado do debate, o naturalista inglês Martin Lister (1639-1712) e o naturalista galês Edward Lhwyd (1660-1709) defenderam que os fósseis eram rochas de formação peculiar que nunca tinham sido coisas vivas. Lhwyd promoveu a ideia de que os fósseis cresciam quando sementes de organismos vivos se dissolviam nas rochas. A mesma força geradora que as transformava em seres orgânicos as fazia crescer nesse ambiente como fósseis.

Da boca do peixe

Em 1666, dois pescadores pegaram um tubarão enorme ao largo de Livorno, na Itália. A cabeça do peixe foi enviada a Steno, que trabalhava em Florença na época. Ele notou que seus dentes tinham uma curiosa semelhança com um tipo de pedra chamado na época de "pedra-língua". Conhecidas havia séculos, as pedras-língua eram encontradas nas rochas da Itália, mesmo longe do litoral. Steno deduziu que eram, de fato, dentes de algum animal morto havia muito tempo que, de algum modo, tinham virado pedra.

A semelhança entre as pedras-língua e os dentes dos tubarões existentes era suficientemente óbvia para já ter sido notada. Em 1616, o naturalista italiano Fabio Colonna afirmou que as pedras-língua eram dentes de tubarão. Os contemporâneos de Steno, como Hooke e

TERRA VIVA

> **A FOSSILIZAÇÃO REVELADA**
>
> Hoje, reconhecem-se dois processos que transformam corpos em fósseis: permineralização e substituição. A permineralização ocorre quando a água do solo, com minerais dissolvidos, se infiltra pelos poros minúsculos de materiais como osso, concha ou madeira. Os minerais se depositam nas cavidades, somando-se à estrutura, enquanto o material original permanece praticamente intacto. Os fósseis de ossos de dinossauro e madeira geralmente são feitos assim. O processo de substituição dissolve o material original e o substitui por minerais. Os minerais de substituição mais comuns são sílica, pirita e hematita.
>
> O processo de fossilização só pode começar nas circunstâncias certas. Em geral, o organismo tem de ser enterrado rapidamente, antes que o corpo seja dilacerado por saprófagos, espalhado pelo vento ou destruído de qualquer outra forma. Os organismos que vivem em áreas onde o sepultamento rápido e a deposição constante de sedimentos são comuns (na água, na lama ou perto delas) têm mais probabilidade de serem preservados como fósseis.

o naturalista inglês John Ray (1627-1705), chegaram a conclusão semelhante, mas Steno levou a ideia adiante e desenvolveu um esquema coerente a partir dela, considerando como a fossilização poderia ocorrer. Na época, a ideia de que toda matéria é feita de "corpúsculos" (que hoje chamaríamos de átomos e moléculas) ganhava terreno. Steno supôs que, com o passar do tempo, os corpúsculos dos dentes originais seriam gradualmente substituídos por corpúsculos minerais e, aos poucos, os dentes se transformariam em rocha.

Escavando a verdade

Steno estudou as rochas e os penhascos da Itália em busca de uma explicação de como os dentes de tubarão se incrustaram em rochas que não estão embaixo d'água. Ele notou que as rochas costumam exibir cama-

As cerâmicas biologicamente exatas de Palissy são um testemunho de seu talento extraordinário. Além de explicar a fossilização, ele descobriu a origem das fontes, elaborou uma teoria dos terremotos e vulcões, projetou jardins para as Tulherias, em Paris, e descreveu sistemas para fornecer água potável. Morreu preso na Bastilha, com 80 anos.

NASCIDO DO CHÃO

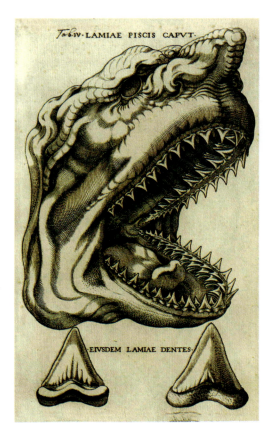

O assustador desenho de Steno da cabeça e dos dentes de um tubarão, que ele reconheceu como semelhantes às "pedras-língua".

das distintas e criou suas regras da estratigrafia (ver a página 81) e uma teoria para explicar o posicionamento dos fósseis. Ele sugeriu que a princípio todos os minerais eram fluidos e acabaram se depositando, provavelmente fora do oceano, formando camadas. Quando depositadas, as camadas posteriores ficariam mais perto da superfície, a menos que algo as perturbasse. Steno supôs que, às vezes, os animais (ou seus cadáveres) ficavam presos enquanto a rocha se depositava. Isso explicava por que em geral os fósseis eram encontrados bem dentro das rochas. Ele também notou que as rochas mais antigas não continham fósseis, enquanto as jovens os tinham em abundância. Ele concluiu que as rochas mais antigas foram depositadas antes que houvesse animais vivos; no entanto, as camadas fossilíferas foram depositadas pelas rochas precipitadas desde o dilúvio de Noé (e depois dele).

O problema da extinção

Foi descoberto um número crescente de fósseis parecidos, mas não iguais, com plantas ou animais. Se representavam organismos, eram organismos que não existiam mais, e isso não se encaixava na ideia contemporânea de que Deus povoara a Terra numa única orgia criativa. O fato de serem parecidos com organismos existentes, mas não idênticos, tornava menos provável que fossem de origem orgânica.

John Ray concluiu que, embora alguns fósseis tivessem origem orgânica, nem todos tinham. As amonitas eram um problema específico para ele: muito abundantes e disseminadas, até então nenhuma espécie parecida fora encontrada. Ray se sentiu obrigado a considerar que as amonitas tinham origem não orgânica.

Em camadas

O primeiro geólogo a perceber que os fósseis ofereciam um modo de datar as rochas foi o agrimensor inglês William Smith (1769-1839). Como Steno, ele reconhecia que as rochas se depositam em camadas e sempre aparecem na mesma

153

TERRA VIVA

ordem. Mas fez a importante descoberta adicional de que tipos específicos de fóssil são encontrados em estratos específicos.

Smith trabalhava como agrimensor em minas de carvão, ajudando os proprietários a localizar carvão e pedra para construções, e mais tarde trabalhou na abertura de canais. Ele viu em primeira mão que os mesmos estratos de rocha se encontravam na Inglaterra, no País de Gales e na Escócia. Em 1799, Smith, Joseph Townsend e Benjamin Richardson (os dois últimos, clérigos interessados em fósseis) fizeram um mapa dos estratos geológicos encontrados perto de Bath e os batizaram. Eles anotaram as características físicas das rochas e o tipo de fóssil presente nelas. Foi o começo do trabalho que terminaria com o belo e abrangente mapa geológico da Grã-Bretanha de Smith, publicado em 1815 — o primeiro mapa geológico nacional do mundo.

Durante 15 anos, Smith mapeou sozinho a geologia da Inglaterra, do País de Gales e do sul da Escócia, abrangendo uma área de mais de 175.000 km². Ele queria que seu mapa fosse fácil de entender, além de visualmente agradável, e teve a ideia de usar cores diferentes para cada estrato. Os mapas são coloridos a mão em 23 tons diferentes. A base de cada estrato é a nuance mais escura, que vai clareando ao subir, de modo que é fácil ver a ordem.

A evolução antes da evolução

O trabalho de Smith sobre os fósseis é anterior à teoria da evolução de Charles Darwin, publicada em 1859, mas a sugere enfaticamente. O esquema da bioestratigrafia se baseia na noção de que os organismos mudam com o tempo, que alguns somem e outros aparecem. Na verdade, os organismos mais úteis para o propósito da datação geológica são os que são comuns e disseminados, mas por um período relativamente curto. Quando Darwin chegou à obra sobre evolução, o registro fóssil lhe ofereceu indícios importantes. Conforme se descobriam mais e mais fósseis e as pessoas os estudavam com mais detalhes, a noção de extinção se tornou convincente.

Mas o fato de o registro fóssil sustentar ideias evolutivas não foi universalmente

"Ou esses [fósseis] eram terraginosos ou, caso contrário, os animais que representam com tanta exatidão se extinguiram."
Martin Lister, 1678

A EVOLUÇÃO ANTES DA EVOLUÇÃO

aceito. A evolução não foi inventada por Darwin e já era tema de discussões no século XVIII. O choque com o pensamento religioso já estava em andamento, com uma antipatia imensa contra a ideia de que Deus poderia ter criado algumas criaturas que depois descartou ou, pior ainda, "melhorou". O pioneiro paleontólogo francês Georges Cuvier era sabidamente contra as teorias evolutivas, embora aceitasse a extinção.

Cuvier, contemporâneo de Smith, começou a vida profissional comparando fósseis a espécies existentes. Foi o primeiro a determinar que os elefantes indianos e africanos são de espécies diferentes e também que diferem do mamute extinto e do fóssil americano apelidado de "animal de Ohio" (que mais tarde ele chamou de mastodonte). Cuvier notou o vínculo entre as preguiças vivas e um grande fóssil sul-americano que chamou de megatério (hoje, conhecida como preguiça terrestre gigante). Sua publicação sobre esses dois em 1796 efetivamente resolveu um debate antigo sobre os organismos poderem se extinguir; é claro que podem, e seria difícil esconder um megatério, mesmo no Paraguai do século XVIII.

A luta contra as mudanças

Cuvier era inflexível na defesa de que os organismos não mudam gradualmente com o tempo. Sua prova disso incluía animais mumificados que os soldados da

Página ao lado: As amonitas, como essa sendo desenterrada aqui, são fósseis extremamente comuns.

À direita: O mapa geológico nacional da Grã-Bretanha feito por Smith, o primeiro do gênero.

155

TERRA VIVA

WILLIAM SMITH (1769-1839)

O pai de William Smith era ferreiro e morreu quando o filho tinha apenas 8 anos. Smith foi mandado para morar com o tio, que tinha uma fazenda. Lá, ele coletou as *poundstones*, "pedras de libra", que as leiteiras usavam para pesar manteiga; na verdade, eram ouriços-do-mar fósseis, de tamanho uniforme. Ele também brincava de bola de gude usando *pundibs*, que eram braquiópodes fósseis (criaturas marinhas parecidas com mariscos).

Com 18 anos, Smith começou a trabalhar como agrimensor. A Revolução Industrial estava a pleno vapor na Inglaterra, e o apetite do país por carvão para mover as novas máquinas era prodigioso. Smith passava muito tempo examinando minas, e logo notou que, quando descia no poço, era possível ver camadas diferentes de rocha que seguiam uma sequência previsível de uma mina a outra.

Logo ele teve oportunidade de testar sua suspeita de que o mesmo padrão de estratos seria encontrado no país todo. Além de encontrado e desenterrado, o carvão também precisava ser transportado. Uma rede de canais foi construída para levar as mercadorias de balsa pelo país. Smith começou a trabalhar no Canal de Carvão de Somerset, fazendo o levantamento topográfico em 1794 e fiscalizando a escavação em 1795. Logo, estava viajando a pé, a cavalo e de carruagem, percorrendo cerca de 16.000 km por ano para o levantamento da rota dos canais. Como os canais são cortados em linha reta, isso lhe deu a oportunidade perfeita de comparar os estratos revelados pela terra.

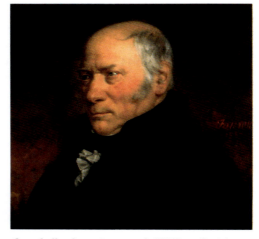

O trabalho de agrimensor de William Smith o expôs às formações e camadas rochosas de todo o seu país.

Smith descobriu que, embora a sequência previsível se encontrasse por toda parte, nem sempre era possível identificar um estrato só pela aparência da rocha. Ele logo percebeu que os fósseis eram o segredo. Embora alguns fósseis fossem encontrados em várias camadas, outros só apareciam numa única camada e podiam identificá-la exclusivamente.

Ele acumulou uma grande coleção de fósseis indicadores, que usava para identificar as camadas. Seu princípio de "sucessão faunal" (a identificação de estratos de rocha de acordo com a flora e a fauna fossilizadas) ainda é usado hoje na geologia, e se atribui a ele o início do campo da bioestratigrafia (datação de estratos de rocha por fósseis).

A EVOLUÇÃO ANTES DA EVOLUÇÃO

Ilustrações de William Smith de alguns fósseis indicadores que usava para identificar os estratos de rocha que examinava em diferentes áreas.

expedição de Napoleão tinham levado do Egito. Tinham sido mumificados havia milhares de anos, mas eram idênticos às espécies existentes. Quando Jean-Baptiste Lamarck (defensor da evolução) argumentou que a evolução era lenta demais para aparecer num período tão curto, Cuvier disse que, se não houvesse nenhuma mudança em curto período, não poderia haver mudança em longos períodos também.

Embora não acreditasse em evolução, Cuvier viu que novos organismos aparecem no registro fóssil. Ele preferia a explicação de que a Terra vai aos solavancos de uma catástrofe a outra; cada uma delas elimina um grupo de organismos, e aí novos aparecem em seu lugar (embora Cuvier não apresente nenhum mecanismo para seu aparecimento). A catástrofe mais recente desse esquema foi um grande dilúvio. Cuvier citou autoridades entre os antigos gregos que escreveram sobre essa inundação e contos indígenas norte-americanos que também falavam de um dilúvio.

Catástrofe!

A noção de períodos de extinção de Cuvier foi a base da teoria do catastrofismo, que se tornou o modelo dominante da história da Terra no início do século XIX. Entre as catástrofes, Cuvier acreditava que a vida na Terra era bastante estável, sempre com os mesmos organismos. Esse padrão teria de ocorrer em períodos longos, levando

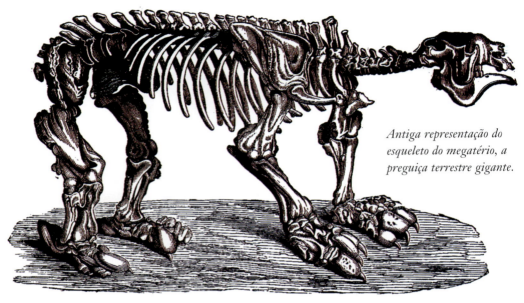

Antiga representação do esqueleto do megatério, a preguiça terrestre gigante.

Cuvier à conclusão de que a Terra deveria ter vários milhões de anos. Isso ia contra a crença convencional, apoiada pela Igreja cristã, de que só alguns milhares de anos tinham se passado desde a Criação.

Embora propusesse uma inundação como a catástrofe mais recente a provocar mudanças na Terra, ele não a vinculou ao dilúvio de Noé. Infelizmente, quando traduziu para o inglês a obra de Cuvier sobre os fósseis, o geólogo inglês William Buckland acrescentou uma introdução fazendo o vínculo. Cuvier sugerira uma inundação localizada de longa duração, enquanto a história do dilúvio de Noé era supostamente global e de curta duração, mas isso não incomodou Buckland, que persistiu em tentar encontrar provas geológicas do dilúvio. Essa representação errada da obra de Cuvier manchou sua recepção na Grã-Bretanha com um aspecto religioso não pretendido por ele e que não lhe fez bem. O catastrofismo se asso-

ELEFANTES DO PASSADO

Os dentes de mastodonte que Cuvier examinou e declarou que eram diferentes dos elefantes existentes foram descobertos por escravos que trabalhavam numa fazenda da Carolina do Sul, em 1725. Nascidos na África, os escravos tinham familiaridade com elefantes e puderam identificar que as pedras estranhas, largas e estriadas, eram parecidíssimas com dentes de elefante. Foram os primeiros fósseis norte-americanos documentados.

A EVOLUÇÃO ANTES DA EVOLUÇÃO

ciou, de forma inútil, a uma visão religiosa que interpretava os eventos naturais como episódios de intervenção divina. Buckland acabou deixando de lado sua preocupação com o dilúvio para investigar uma possível catástrofe de glaciação, a Idade do Gelo europeia sugerida pela primeira vez por Goethe em 1784 (ver a página 126).

> *"Todos esses fatos, coerentes entre si e não contraditos por nenhum relato, me parecem provar a existência de um mundo anterior ao nosso, destruído por algum tipo de catástrofe."*
> Georges Cuvier, 1796

Lento e constante

A visão oposta ao catastrofismo era a da mudança lenta. No caso dos organismos, era a evolução. Quem primeiro propôs a teoria evolutiva foi Jean-Baptiste Lamarck, zoólogo francês encarregado da zoologia de invertebrados (e que a fez avançar muito) no Musée National d'Histoire Naturelle, em Paris.

Embora a teoria evolutiva lamarckiana seja muito ridicularizada hoje, ela é uma explicação coerente de como os animais evoluem. De acordo com Lamarck, os organismos mudam em resposta a alterações do ambiente e das consequentes exigências que lhes são feitas. A princípio, o comportamento se altera e, em consequência, o corpo dos animais se adapta com o passar das gerações. A primeira "lei" dessa hipótese é que o uso ou desuso comanda o desenvolvimento da estrutura: o uso incentiva o crescimento e o desuso leva a contração ou perda (assim, as toupeiras têm olhos pequenos e fracos porque não os usam). A segunda lei é que a mudança provocada pelo uso ou desuso é hereditária. O exemplo muito citado da girafa apresentado por Lamarck esclarece o raciocínio. A princípio, as girafas de pescoço curto se esticavam para alcançar as folhas altas. Um "fluido nervoso" correu pelo pescoço e o fez crescer. Isso continuou durante gerações, com os filhotes

Georges Cuvier foi um pioneiro na defesa da Terra antiga, com base em seu modelo catastrofista de períodos muito espaçados de mudança súbita.

herdando o pescoço espichado, e depois o espicharam ainda mais, até que se atingiu a forma da girafa moderna.

Lamarck também acreditava que a evolução é dirigida e que a Natureza trabalha rumo à perfeição e à complexidade dos organismos. Ele sugeriu que os organismos simples, como os protistas, eram gerados espontânea e continuamente. Não acreditava que fosse possível a extin-

TERRA VIVA

A noção de que espécies diferentes existiram antes de uma inundação catastrófica não foi plenamente explorada por esse artista, que desenhou animais bastante semelhantes aos que ainda existiam no século XIX.

ção de organismos, mas sim a mudança da forma pela evolução. Opositores religiosos e científicos atacaram sua teoria. Para os religiosos, a noção de que o mundo natural não é a realização do plano perfeito de Deus, mas o produto de forças cegas, era repulsiva. Os cientistas consideraram o argumento insuficientemente rigoroso. Lamarck morreu na pobreza e na obscuridade em 1829.

Lamarck não foi a única pessoa a considerar a evolução uma possibilidade. Erasmus Darwin, avô do próprio Darwin, delineou uma teoria meio parecida com a de Lamarck em *Zoonomia ou as leis da vida orgânica* (1794-1796). Ele propôs que a vida evoluiu de "um único filamento vivo", mas teve dificuldade de explicar como uma espécie evoluiu da outra. Ele tendia à seleção sexual e disse que "o animal mais forte e mais ativo deveria propagar a espécie, que portanto seria aprimorada".

Até que ponto a catástrofe é catastrófica?

Como vimos, em 1785 James Hutton propôs que os processos lentos produzem mudanças; esses processos não são sim-

ATÉ QUE PONTO A CATÁSTROFE É CATASTRÓFICA?

plesmente constantes, mas hoje são os mesmos que sempre existiram. Esse modelo não tem espaço nem necessidade para catástrofes rápidas que criem o caos no ambiente geológico.

No entanto, o registro fóssil parece oferecer um desafio ao uniformitarismo. O exame cuidadoso do registro revela vários eventos em que classes inteiras de fósseis desaparecem num período que parece curto. Não são apenas extinções, mas extinções em massa. A mais famosa, mas não a mais extrema, foi a do fim do período Cretáceo, que removeu todos os dinossauros não avianos da Terra, todos os pterossauros do céu e todas as amonitas e grandes répteis do mar. Parece ser a própria definição de "catastrófico".

Mudança rápida e lenta

No fim do século XVIII, depois do uso de fósseis por Smith para identificar e ordenar os estratos, os fósseis passaram a fazer parte da geologia. Cuvier fez trabalhos na bacia de Paris que demonstraram, como o trabalho de Smith na Inglaterra, que fósseis diferentes estão associados a estratos diferentes. A sua explicação recorria às catástrofes para marcar a mudança de condições e criaturas em cada época. Essas mudanças aparentemente eram drásticas, pois a área em torno de Paris ficou algumas vezes sob o mar, outras vezes coberta de água doce.

William Buckland (ver as páginas 157-158), que deu um ângulo religioso à obra de Cuvier, era professor em Oxford quando o advogado inglês Charles Lyell decidiu dedicar mãos e mente à geolo-

Acima: Jean-Baptiste Lamarck, cujas ideias já foram muito ridicularizadas. Mas agora a evolução recente da epigenética constata que algumas mudanças herdáveis não exigem alteração do DNA. Isso corresponde à ideia de Lamarck da ação da "herança suave".

À esquerda: A visão não é necessária na vida subterrânea da toupeira; ela pode acabar perdendo totalmente esse sentido.

TERRA VIVA

gia. Lyell achou insatisfatório o catastrofismo de Buckland e implicou principalmente com a tentativa de vincular a geologia ao dilúvio de Noé e de dar a Deus o controle da formação e da história da Terra. Lyell estava decidido a construir a geologia como uma ciência respeitável, baseada em evidências sólidas e empíricas.

Ele reexaminou a geologia da bacia de Paris e investigou muitos outros pontos geológicos da Europa. Lyell aproveitou a deixa do trabalho bastante negligenciado de Hutton, que estava convencido de que os processos geológicos são lentos, e descobriu que podia explicar as mudanças geológicas sem recorrer nem à mão de Deus nem a catástrofes súbitas. Com o ciclo de erosão, deposição, compactação, aquecimento e elevação de Hutton, Lyell argumentou que os processos geológicos são uniformes no tempo e formulou a doutrina do uniformitarismo (termo cunhado por William Whewell, que também criou a palavra "cientista"). A mudança acontece à nossa volta, mas é tão lenta que não a notamos.

Na bacia de Paris, Lyell não encontrou indícios de mudanças súbitas e cataclísmicas, apenas provas de que a Terra sofre mudanças cíclicas regulares numa escala de tempo longuíssima. As extinções e mudanças das rochas só parecem súbitas porque milhões de anos são representados em poucos centímetros de fósseis e sedimentos depositados. A cidade de Paris já esteve abaixo do nível do mar, mas sua localização interiorana alterada, argumentou Lyell, não resultou de eventos cataclísmicos; o mais provável era que a mudança tivesse ocorrido em períodos muito longos.

Os princípios da geologia

Lyell publicou a influente obra *Os princípios da geologia* em 1830. Sua tese central é que a superfície da Terra é produto de milhões de anos de pequenas mudanças produzidas por processos naturais. Charles Darwin leu o livro de Lyell durante a viagem a bordo do *Beagle*. Em Valdívia, no Chile, Darwin passou por um terremoto apavorante e soube que houve erupções vulcânicas por perto. Ele concluiu que a mesma força estava por trás dos dois e que os vulcões eram interligados pelo magma subterrâneo. Sugeriu que, se não fosse liberada, a pressão dentro dos vulcões poderia causar terremotos. Darwin ficou tão convencido pela hipótese de Lyell que, quando escreveu *A origem das espécies*, baseou-a no mesmo princípio das mudanças cumulativas graduais. Mas, enquanto Lyell investigara mudanças geológicas, Darwin se concentrou nas forças motrizes da reprodução, da competição e da herança entre animais.

Mural de mexilhões

Mais tarde, Lyell revisou sua tese original para permitir transformações mais rápidas em algumas circunstâncias. Quando visitava o templo romano de Serápis, em Pozzuoli, perto de Nápoles, na Itália, ele notou três colunas altas de pedra que tinham uma linha em volta a certa distância do chão; ele reconheceu que essas linhas tinham sido feitas por um tipo de mexilhão. Ocorreu-lhe que, em algum momento depois que os romanos construíram o templo, as colunas devem ter ficado submersas. O nível do mar subiu e voltou a descer nos dois mil anos decorridos desde então. Lyell percebeu que os processos atuavam relativamente depressa

ATÉ QUE PONTO A CATÁSTROFE É CATASTRÓFICA?

CHARLES LYELL, 1797-1875

Charles Lyell foi o primogênito de dez filhos e nasceu em Kinnordy, na Escócia, onde o pai era botânico e tradutor literário. A família tinha outra casa em New Forest, em Hampshire.

Lyell estudou em Oxford, onde frequentou as aulas de William Buckland sobre geologia e ouviu sua versão cristianizada da teoria catastrofista da evolução da Terra de Cuvier. Em 1820, Lyell se tornou advogado e começou a trabalhar em 1825, mas percebeu que seu verdadeiro interesse não era aquele. Ele continuou a estudar geologia; em 1827, quando sua visão começou a falhar, largou a advocacia para se tornar geólogo. Na década de 1830, foi professor de geologia do King's College da Universidade de Londres e publicou o primeiro volume de *Princípios de geologia*. Síntese das ideias de Hutton e das observações e deduções do próprio Lyell, é considerado um dos livros científicos mais importantes já publicados. Um livro posterior, *Provas geológicas da antiguidade do Homem*, publicado em 1863, apresentava indícios de que os seres humanos estavam na Terra havia muito tempo, mas não endossava de forma inequívoca a teoria da evolução. Lyell permaneceu convencido de que os seres humanos são, de certo modo, especiais no esquema natural.

O geólogo Charles Lyell se tornou cavaleiro em 1848 e baronete (honra hereditária) em 1864.

Amigo íntimo de Charles Darwin, Lyell o incentivou a publicar a teoria da evolução, embora suas crenças religiosas o levassem a fazer reservas à ideia. Em certo momento, ele acreditou que o surgimento de organismos diferentes em regiões diferentes aconteceu por meio de centros locais de criação; nunca se convenceu de que novas espécies poderiam surgir por processos inteiramente naturais.

TERRA VIVA

No Templo de Serápis, Lyell (o personagem sentado à esquerda) notou que o nível da água tinha baixado e subido consideravelmente desde a época dos romanos — uma indicação de mudança geológica considerável.

O tempo profundo e o ciclo das rochas

A hipótese de Lyell apresentou o conceito de "tempo profundo" — uma história de extensão inconcebivelmente grande. Se as montanhas estão sendo constantemente erodidas, mas não vemos diferença nem nenhuma mudança discernível durante nossa vida, nem mesmo com referência aos registros mais antigos — os relatos dos antigos gregos, por exemplo —, então o processo deve ser mesmo lentíssimo. Se uma montanha cresce ou se encolhe constantemente um centímetro por ano, em média, seriam necessários dez mil anos (duas vezes toda a duração da civilização humana) para crescer ou encolher apenas 100 metros. Seria impossível perceber essa mudança sem tecnologia avançada para medi-la. E que período inconcebível seria preciso para erguer montanhas a partir de uma planície ou reduzi-las a pó?

em termos de tempo geológico. A linha mais antiga da praia era 2,74 metros mais alta do que na época de Lyell, mas desde então tinha subido mais 3,15 metros, portanto hoje é um pouquinho mais alta do que quando o templo foi construído. Os geólogos acreditam que isso resulta do magma que sobe e desce sob o chão. Essa explicação resolve a mudança relativamente rápida (em termos geológicos).

Quando ficou óbvio que os processos lentos efetuavam mudanças geológicas, foi impossível aceitar a opinião convencional de que a Terra só tinha alguns milhares de anos. Até a noção de Kelvin de que a Terra

MUNDO EM MUDANÇA

devia ter 100 milhões de anos ficava bem abaixo do necessário.

Voltas e mais voltas

Hoje, sabemos que processos cíclicos de formação e destruição constituem, juntos, o ciclo das rochas. Hutton foi a primeira pessoa a propor um modelo cíclico dos processos geológicos, embora seu ciclo, anterior ao conhecimento da tectônica, fosse consideravelmente mais simples. Ele se concentrava na ação do calor para transformar sedimentos em rochas e produzir elevação (ver a página 85). A versão moderna do ciclo das rochas é mais detalhada.

Mundo em mudança

Com a vida prosperando em terra e nos oceanos, o planeta foi submetido a mais influências de mudança do que quando era um pedaço de pedra nua que esfriava. Os organismos que viviam e morriam na Terra alteravam o solo, as rochas, o ar e a água, e as mudanças que causaram transformaram a vida. A atmosfera, a hidrosfera e a litosfera foram unidas e moldadas pela biosfera; nas próximas centenas de milhões de anos, seu destino se entrelaçaria ainda mais.

O monte Etna, na ilha da Sicília, mostrado no frontispício dos Princípios de geologia de Lyell, volume 2, em 1832.

165

CAPÍTULO 8

Os dias dos
MORTOS

"*O Dodô gostava de passear,*
Pegar sol e tomar ar.
Sua ilha o sol vai aquecer...
Mas o Dodô, cadê?"

Hilaire Belloc, "O Dodô",
The Bad Child's Book of Beasts, *1896*

Assim que embarcou na grande aventura de colonizar toda a terra, a natureza teve problemas — morte em escala imensa e num ciclo repetitivo. A vida na Terra adotou um padrão de diversificação seguida por extinção, seguida por diversificação em novas direções. Esse ciclo é um tecido complexo de geologia, meteorologia e biologia.

O dodô, a mais famosa vítima recente de extinção, percorria as florestas das ilhas Maurício até o século XVII.

OS DIAS DOS MORTOS

Peixápodes e tetrápodes

O solo permitiu que as plantas e os animais saíssem do oceano. Os peixápodes deram origem aos anfíbios, que ainda punham ovos na água, mas, quando adultos, respiravam ar e viviam pelo menos parte do tempo em terra.

Cuidado com o vão

Só podemos descobrir como os organismos se desenvolveram investigando os seus fósseis. Mas às vezes não há fósseis para examinar. Essas lacunas do registro fóssil fazem os cientistas terem pouco ou nada para continuar. De modo frustrante, o movimento das criaturas do mar para a terra firme cai numa dessas lacunas. Não se sabe por que é assim; até recentemente, pensava-se que as condições geológicas talvez não favorecessem a fossilização ou houvesse pouca diversidade biológica durante essas lacunas. Talvez os geólogos simplesmente não estejam procurando no lugar certo. Em geral, os fósseis só são descobertos quando estão perto da superfície da Terra ou no litoral, onde há grandes áreas de rocha expostas. Provavelmente, há muitíssimos fósseis que nunca virão à luz por estarem enterrados muito fundo ou abaixo do leito do mar.

A lacuna do registro fóssil que ocorre mais ou menos na época da colonização da terra por tetrápodes (animais de quatro patas) é chamada de Lacuna de Romer, por causa de Alfred Romer, que a identificou. A Lacuna de Romer fica entre 360 e 345 milhões de anos atrás, no fim do período Devoniano e no início do Carbonífero. O Devoniano terminou com um evento de extinção em massa ainda mais danoso do que o que deu fim ao reinado dos dinossauros não avianos. Depois desse evento, tubarões e arraias nadavam nos mares e anfíbios caminhavam na terra, mas há pouquíssimos indícios da mudança de peixápode a anfíbio.

Parece que os peixápodes fizeram sua migração antes do evento de extinção,

Anfíbios como esses sapos vivem em terra quando adultos, respirando ar, mas precisam se manter úmidos e põem ovos na água.

PEIXÁPODES E TETRÁPODES

prosperaram durante a Lacuna de Romer e surgiram como anfíbios no final. Na Escócia e na Nova Escócia, surgiram fósseis que indicam que os anfíbios se diversificavam nesse período (a Escócia e a América do Norte eram uma massa terrestre contígua na época). Os indícios da Escócia também enfraquecem a teoria anterior de que o baixo nível de oxigênio durante a Lacuna pode ter causado pouca diversidade. Entre as descobertas escocesas importantes está o *Pederpes*, hoje considerado o primeiro tetrápode moderno. Tinha pés frontais voltados para a frente, com cinco dedos, e o crânio alto e estreito, que pode indicar que respirava usando a ação muscular em vez do mecanismo de bombear a bolsa da garganta, como as rãs.

Um fóssil do tetrápode Pederpes *foi encontrado na Escócia em 1971, mas só foi reconhecido como anfíbio em 2002.*

Corpo molhado

O período Devoniano, quente e luxuriante, era o ambiente ideal para os anfíbios, e por isso eles evoluíram tanto, já que clima e organismos vivos estão interligados. Os pântanos extensos do interior lhes davam acesso fácil à água. A população crescente de artrópodes lhes dava o que comer. Os artrópodes, como as libélulas, que põem ovos na água e vivem lá como ninfas, oferecia aos anfíbios alimento tanto na água quanto em terra e alimentavam os adultos e os indivíduos imaturos. A maioria dos anfíbios, como as rãs e os girinos, têm um estágio larval que vive na água, ainda que os adultos passem a maior parte do tempo em terra. No Devoniano, os anfíbios ficaram maiores e mais bem sucedidos, e as suas patas e pulmões se adaptaram ao ambiente terrestre.

Um grupo foi especialmente diversificado e bem-sucedido. Os temnospôndilos pareciam salamandras gigantes; alguns chegavam a medir cinco metros de comprimento. Esse grupo sobreviveu durante 210 milhões de anos, mais do que os dinossauros. Com o tempo, alguns temnospôndilos desenvolveram escamas duras no corpo, o que deve ter ajudado a preservar a umidade quando se afastavam da água. Nenhum dos anfíbios de hoje tem escamas. Elas só foram mantidas pelos répteis que evoluíram a partir dos anfíbios.

Ovos, duros e moles

Tornar-se réptil não foi uma simples questão de desenvolver escamas e se afastar da água. Os répteis foram os primeiros amniotas: eles põem ovos com uma casca estanque que não precisa se manter úmida. O ovo reptiliano contém um âmnio: uma membrana que envolve o

OS DIAS DOS MORTOS

embrião em crescimento, o fluido que o cerca e o saco de gema nutritiva. Os ovos amnióticos podem ser mantidos dentro do corpo do animal (como nos mamíferos) ou postos e incubados externamente (como em aves e répteis). O desenvolvimento dos ovos amnióticos foi um dos passos mais significativos da evolução. Os ovos para incubação externa em terra têm um exterior duro ou coriáceo, com poros de tamanho suficiente para permitir a passagem de gases. Isso significa que, ao contrário dos ovos de anfíbios, eles não precisam ser postos na água. Os répteis ganharam uma vantagem imensa sobre os anfíbios por desenvolver ovos que podem ficar bem no interior, rompendo assim o último laço com a água além de ser parte necessária da alimentação. Os ovos reptilianos também eclodem com uma forma menor do animal adulto, em vez de uma forma larval de aparência muito diferente.

A ascensão dos répteis

Embora os ovos amnióticos permitissem que os répteis se espalhassem mais amplamente, essa não foi uma vantagem tão importante assim durante o Carbonífero, quando grandes regiões da Terra eram tropicais e úmidas. Mas no Permiano, o período seguinte, o clima ficou mais frio e seco, e os répteis puderam aproveitar melhor sua adaptação na postura de ovos. O supercontinente Pangeia estava se formando, ou seja, havia vastas áreas secas inte-

Os temnospôndilos viviam à margem dos rios entre 330 e 120 milhões de anos atrás.

A passagem da desova em água à postura de ovos amnióticos em terra foi uma vantagem para os ancestrais dos répteis atuais. Mas os répteis que retornaram ao mar, como essas tartarugas, ficam em desvantagem, porque os filhotes vulneráveis precisam fazer uma arriscada corrida até o oceano.

rioranas. Aos poucos, os continentes do norte (Euramérica) e do sul (Gondwana) se chocaram para formar a massa terrestre maior, fazendo subir as montanhas centrais de Pangeia. Hoje, seus remanescentes são visíveis nos Apalaches da América do Norte, dos Anti-Atlas do Marrocos e nas Highlands da Escócia.

Embora essas montanhas se formassem devagar, os continentes combinados trouxeram consigo as montanhas pré-existentes, criando áreas secas à sua sombra desde o início do Permiano. Em terra, só os répteis estavam equipados para pôr ovos onde quisessem. Muitos anfíbios se extinguiram, e outros voltaram para a água em tempo integral, tornando-se espécies que habitavam rios ou oceanos. A terra logo foi dominada por répteis grandes, muitas vezes carnívoros, que se diversificaram para se adaptar a muitas situações ecológicas diferentes. Mas os problemas assomavam no horizonte.

A Grande Morte

O evento de extinção em massa do fim do período Permiano foi a catástrofe mais grave da história da Terra. Ocorrido há 252 milhões de anos, aniquilou 70% de todas as espécies terrestres e 96% dos organismos aquáticos; é adequadamente conhecida como "a Grande Morte". É provável que tenha acontecido em dois pulsos separados por 200.000 anos, com alguma recuperação intermediária. Vastas áreas da terra e dos oceanos ficaram estéreis e desertas, e a cadeia alimentar foi dilacerada, dos micróbios aos répteis

Os Apalaches, na América do Norte, são sobreviventes das montanhas pangeanas formadas há 480 milhões de anos.

e peixes maiores. Nunca aconteceu nada parecido, nem antes nem depois.

A extinção do fim do Permiano só atraiu a atenção a sério dos paleontólogos na década de 1980, depois que Walter e Luis Alvarez propuseram que houve uma extinção em massa dos dinossauros e de muitas outras criaturas vivas mais ou menos há 66 milhões de anos (ver a página 179). Durante a década de 1990, foi postulado que a razão do evento no fim do Permiano foi a mudança climática, sob a forma de extremo aquecimento global. Provavelmente, o aquecimento resultou da liberação de dióxido de carbono pelas erupções vulcânicas dos Trapps siberianos. As erupções cuspiram lava suficiente para cobrir os EUA com uma profundidade de um quilômetro e dióxido de carbono suficiente para elevar a temperatura terrestre global em cerca de 10°C. A temperatura do mar subiu 20°C, talvez chegando ao pico destrutivo de 40°C. As erupções também removeram 76% do oxigênio dos oceanos, e a vida marinha sufocou. Com o aumento de temperatura e a falta de oxigênio, boa parte da vida terrestre morreu, inclusive as árvores grandes, as plantas, os insetos, os répteis menores e até os micróbios.

Também é possível que as erupções tenham incendiado alguns imensos depósitos de carvão do Carbonífero, liberando ainda mais dióxido de carbono na atmosfera. O calor das erupções provavelmente fez substâncias perigosas evaporarem da litosfera na Sibéria, liberando-as no ar. Os halogênios (cloro, bromo e iodo) do subsolo também teriam se espalhado pelo ar da Terra, produzindo chuva ácida e destruindo a camada de ozônio. A descoberta de alto nível de níquel nas camadas de rocha datadas da Grande Morte sugere que toxinas menos voláteis também devem ter se espalhado.

Em 2018, o cientista pesquisador Jahandar Ramezani revelou que, em estudos da rocha depositada por volta da época da extinção, havia indícios de aquecimento anterior, embora o maior tenha sido depois. Apesar do estresse do aquecimento global, Ramezani não encontrou nenhum padrão de aumento de desaparições do registro fóssil antes do evento de extinção. A extinção foi muito súbita, possivelmente durante apenas algumas centenas de anos, embora o gatilho final seja desconhecido.

As catástrofes ambientais têm pontos de virada, além dos quais o infortúnio vira cataclismo. Quando as plantas morrem, os herbívoros vão atrás, depois os carnívoros que se alimentam deles. Há um banquete para os saprófagos e decompositores quando há fome para os outros... por algum tempo. Quando a contaminação e os detritos são levados para o mar e os rios, a devastação se espalha para o ambiente aquático, mesmo que este tenha escapado do primeiro impacto.

Basalto dos Trapps siberianos, originalmente parte de uma inundação de três milhões de quilômetros cúbicos de lava.

A GRANDE MORTE

EVENTOS DE EXTINÇÃO EM MASSA

DATA	CAUSA	IMPACTO
444 Ma, fim do Ordoviciano	O esfriamento global produziu uma era do gelo, talvez provocado pela subida dos Apalaches, com sua rocha silicatada recém-exposta absorvendo dióxido de carbono da atmosfera.	86% das espécies perdidas
375 Ma	Desoxigenação dos mares, talvez causada pelas plantas terrestres que extraíam nutrientes do chão. Esses nutrientes foram levados para o mar, provocando a superpopulação de algas que esgotou o oxigênio.	75% das espécies perdidas
252 Ma, fim do Permiano	Aquecimento global, excesso de dióxido de carbono e desoxigenação dos mares causados pela erupção vulcânica dos Trapps siberianos.	90% das espécies perdidas
200 Ma, fim do Triássico	Causa desconhecida.	80% das espécies perdidas
66 Ma, fim do Cretáceo	Queda de asteroide	75% das espécies perdidas

A queda de um grande asteroide é obra de momentos, mas pode aniquilar milhões de anos de evolução.

173

A extinção é o outro lado da evolução. Embora Cuvier demonstrasse que alguns organismos se extinguem, o mundo científico foi lento para aceitar até a extinção individual. Lyell argumentou contra a extinção, sugerindo que, embora possa desaparecer numa área em consequência de condições locais, o organismo poderia ser reintroduzido vindo de outra área, onde, em condições diferentes, sobreviveu. Pode soar ingênuo, mas dado que Lyell se opunha à ideia de catástrofes globais que configurassem o registro fóssil, até certo ponto isso é compreensível. Se todas as catástrofes fossem apenas locais e os animais fossem liberalmente espalhados em ambientes semelhantes no mundo inteiro, seria possível reintroduzi-los, como fazemos hoje. Mas o terreno intermediário (e a situação verdadeira) é uma combinação de mudança gradual e eventos catastróficos. Embora não tenham sido tão importantes na configuração da história geológica da Terra como já se acreditou, as catástrofes foram importantíssimas por ditar o caminho seguido pela vida.

Eliminados

Notar o desaparecimento de um único organismo e perceber que faixas inteiras de organismos desapareceram ao mesmo tempo e depois explicar essa perda é um passo grande. A mudança do registro fóssil 250 milhões de anos atrás é tão extrema que foi percebida há 150 anos. O geólogo inglês John Philips produziu um gráfico da prevalência de fósseis no decorrer do tempo, e a queda dos números exibe boa correspondência com os eventos de extinção hoje reconhecidos.

Em geral, os paleontólogos aceitam que houve cinco eventos de extinção em massa (ver quadro na página 173), excluindo o que matou os micróbios anóxicos há mais de dois bilhões de anos. Esses cinco eventos mataram pelo menos 70% das espécies, mas esse ponto de corte só nos ajuda a classificá-los e não reflete nenhuma diferença absoluta entre eventos de extinção em massa e não em massa. Houve muitos outros episódios em que menos de 70% das espécies da Terra desapareceram em curto período.

Em termos geológicos, um milhão de anos é um curto período. Os eventos de extinção hoje reconhecidos podem ter sido provocados por um evento que só levou um instante — um asteroide que caiu no litoral do México certa tarde, por exemplo — ou um evento que durou um período mais longo do que toda a história humana. O modelo "pressão/pulso" proposto em 2006 por Nan Arens e Ian West sugere que as extinções em massa em geral exigem dois tipos de causa atuando concomitantemente: o primeiro é a pressão de longo prazo sobre o ecossistema, como extensa atividade vulcânica ou mudança climática (o estímulo da "pressão"); o segundo é uma mudança catastrófica súbita depois de um período considerável de pressão ecológica (o estímulo do "pulso").

De volta às quatro patas

A vida na Terra levou cerca de dez milhões de anos para se recuperar da Grande Morte. Os primeiros a conseguir foram os "táxons de desastre". O táxon de desastre é um tipo de organismo que povoa uma região durante e após a devastação do ecossistema por uma catástrofe local ou global. Também

ELIMINADOS

QUATRO, CINCO OU SEIS EXTINÇÕES?

A expressão "extinção em massa" foi cunhada por Norman Newell em 1952. As cinco extinções em massa desde a Explosão Cambriana foram identificadas em 1982 por David Raup e Jack Sepkoski.

Em 2015, a história das "cinco grandes" se desorganizou com a confirmação de que um evento de extinção extra, noticiado pela primeira vez em 1993 pelo paleontólogo chinês Jin Yugan, também foi uma extinção em massa. Dizem que a extinção capitaniana ocorreu há 262 milhões de anos, dez milhões de anos apenas antes da Grande Morte. Foi descoberta calculando o número de espécies fósseis que desapareciam do registro e encontrando um enorme pico. Em 2020, foi publicada uma pesquisa que lançou dúvida sobre a existência do evento de extinção de 375 milhões de anos atrás.

O ceratocéfalo *era um* terápside herbívoro *que viveu no Permiano tardio, mais ou menos na época da proposta extinção capitaniana.*

OS DIAS DOS MORTOS

À esquerda: O listrossauro prosperou depois da extinção em massa do Permiano.

À direita: O Dicroidium *foi outro sobrevivente da extinção do fim do Permiano. Seus fósseis se encontram na América do Sul, na Australásia, na África do Sul e na Antártica.*

chamados de "organismos pioneiros", os táxons de desastre são oportunistas que se espalham para explorar áreas não ocupadas e prosperam quando o mundo começa a se recuperar de um desastre. Quando outros organismos retornam ou evoluem, os táxons de desastre são espremidos de volta a um nicho ecológico menor e marginal.

Entre os táxons de desastre que prosperaram depois do fim do Permiano estavam o listrossauro, um terápside herbívoro robusto, mais ou menos do tamanho de um porco, o braquiópode marinho *Lingula* e a samambaia com sementes *Dicroidium*. No lugar da diversidade que antecedeu a extinção, o listrossauro representava sozinho cerca de 90% dos vertebrados terrestres.

Estima-se que foram necessários de quatro a trinta milhões de anos para restaurar a diversidade ecológica. Quando veio, a recuperação trouxe alguns dos animais mais icônicos a caminhar sobre a Terra: os dinossauros.

A descoberta dos dinossauros

Hoje é difícil imaginar *não* saber da existência de dinossauros, mas eles só foram reconhecidos no século XIX. O primeiro fóssil de dinossauro conhecido a ser desenterrado foi descrito por Robert Plot em 1676 ou 1677, mas ele não percebeu o que era. A princípio, achou que era o osso de algum tipo de elefante,

A DESCOBERTA DOS DINOSSAUROS

> **A MORTE É PIOR NUM SUPERCONTINENTE**
>
> Um estudo de 2015 de Paul Wignall concluiu que as extinções em massa são piores em supercontinentes. Quando toda a terra do planeta está unida, o sistema é péssimo na remoção do excesso de dióxido de carbono devido a eventos como erupções vulcânicas ou quedas de meteoro, e um aquecimento global assustador é facilmente provocado. Nosso arranjo atual de massas terrestres é parcialmente responsável pela ausência de extinções em massa desde o evento K-T há 66 milhões de anos.

Desenho que Plot fez do osso que não conseguiu identificar, que hoje se acredita ser a ponta do fêmur de um megalossauro.

depois desconfiou que pudesse ser a ponta de um fêmur humano gigantesco. Plot não lhe deu nome, e o fóssil desde então se perdeu, mas noventa anos depois Richard Brookes copiou seu desenho e o chamou de *Scrotum humanum*. Em teoria, esse nome deveria hoje ser usado para o megalossauro (o verdadeiro dono do fêmur), porque o primeiro nome dado tem precedência. A Comissão Internacional de Nomenclatura Zoológica resolveu resgatar o dinossauro da humilhação de ter o nome de "escroto" e manteve o nome megalossauro, dado a ele por William Buckland em 1824.

O nome "dinossauro" (que significa "lagarto terrível") para um grupo de grandes répteis extintos foi cunhado pelo biólogo inglês Richard Owen em 1842.

Naquele momento, só três dinossauros tinham sido descobertos, todos eles na Inglaterra: megalossauro, iguanodonte e hileossauro. Mas outros fósseis de répteis grandes tinham sido encontrados. Com o pai e o irmão, Mary Anning tinha achado fósseis do ictiossauro, parecido com um peixe, em 1811 e dos grandes répteis marinhos chamados plessiossauros em 1821. Em 1808, Cuvier encontrou um réptil marinho gigantesco chamado mosassauro e identificou um réptil voador que chamou de pterodáctilo.

Cuvier foi o primeiro a especular que houve uma "era dos répteis", e estava ficando claro que ele tinha acertado. Em 1824, Gideon Mantell percebeu que os dentes fósseis que encontrara dois anos antes eram de um animal gigantesco parecido com um lagarto que ele chamou de iguanodonte (porque os dentes se pare-

OS DIAS DOS MORTOS

ciam com os de um iguana). Em 1831, ele publicou um artigo sobre "A era dos répteis" em que sugeria uma era geológica dividida em três (para refletir os três estratos distintos de rocha em que os fósseis foram encontrados), em que muitos tipos de répteis grandes percorreram a Terra. Agora reconhecemos que a era dos dinossauros cobriu os períodos Triássico, Jurássico e Cretáceo.

Velozes e furiosos

Quando as pessoas começaram a procurar fósseis de dinossauros e outros répteis, eles surgiram depressa e em grande quantidade, em pedreiras, litorais, margens e leitos de rio, penhascos e desfiladeiros erodidos — qualquer lugar onde rochas da idade certa estivessem expostas. A Alemanha produziu o arqueoptérix, um pequeno animal emplumado que parece uma transição entre os dinossauros e as aves (embora as aves tenham evoluído de criaturas semelhantes na China). Logo, a América do Norte revelaria dinossauros maiores do que tudo o que já se imaginara.

Pouco antes da descoberta do primeiro arqueoptérix completo em 1861, William Foulke soube de alguns ossos grandes desenterrados em 1858 numa fazenda em Nova Jersey. Ele organizou sua extração e montou o hadrossauro. Em 1868, este se tornou o primeiro esqueleto de dinossauro montado do mundo. Vários outros fósseis apareceram no leste dos Estados Unidos, mas a paleontologia americana de dinossauros realmente decolou na década de 1860, no oeste do continente.

Terra dos ossos

Durante o período Jurássico, a América do Norte era dividida verticalmente pelo Mar Interior Ocidental. Os grandes dinossauros norte-americanos que todo mundo conhece, do estegossauro e do diplodoco ao triceratops e ao tiranossauro rex, viviam no lado oeste do mar. Em 1870, o paleontólogo Othniel Marsh comandou uma expedição de caça aos fósseis no Oeste. Nos anos seguintes, ele e seu rival Edward Drinker Cope disputaram para encontrar, extrair e

Esse fóssil detalhadíssimo de arqueoptérix *revela suas penas.*

A DESCOBERTA DOS DINOSSAUROS

batizar o máximo possível de dinossauros e outros fósseis. As suas "guerras de ossos" e rivalidade pessoal continuaram até a morte de Cope em 1897, quando os dois estavam financeiramente arruinados pelas façanhas de caça a dinossauros. Apesar do péssimo comportamento na época, Cope e Marsh desenterraram um mostruário deslumbrante de dinossauros norte-americanos. Em 1902, o tiranossauro foi acrescentado ao butim por Barnum Brown. No decorrer dos séculos XX e XXI, mais e mais dinossauros foram encontrados em novos sítios descobertos na América do Sul, na África, na China, na Mongólia e no subcontinente indiano. Descobriram-se dinossauros em todos os continentes, inclusive na Antártica, confirmando a suspeita de Cuvier de que realmente houve uma era em que répteis gigantes percorreram a Terra.

Tudo o que é bom tem fim

Hoje, só temos as aves para representar os dinossauros há muito extintos. Os dinossauros não avianos desapareceram do registro fóssil de forma muito repentina há cerca de 66 milhões de anos. Durante muito tempo, a razão disso foi um enigma, resolvido em 1980 por Walter Alvarez, jovem geólogo americano, com uma pequena ajuda do pai Luis, físico ganhador do prêmio Nobel.

Enquanto estudava formações rochosas perto de Gubbio, na Itália, onde uma seção a 400 metros de profundidade representa 50 milhões de anos de antigo leito do mar, Alvarez encontrou uma fina camada de argila de apenas um centímetro de espessura separando duas camadas de calcário. As duas camadas continham foraminíferos (minúsculos protistas unicelulares marinhos que criavam uma concha em torno de si). A camada inferior continha foraminíferos grandes e diversificados, mas a de cima mostrava muito menos diversidade e indivíduos menores. Alvarez andara estudando inversões magnéticas e foi capaz de datar a camada de argila do fim do período Cretáceo e início do Terciário. Hoje, essa camada se chama fronteira K-T (K de *Kreide*, nome alemão do Cretáceo). Quando Alvarez percebeu que ela

O triceratops caminhou pela América do Norte entre 68 e 66 milhões de anos atrás.

OS DIAS DOS MORTOS

Luis e Walter Alvarez investigam a fronteira K-T em rochas perto de Gubbio, na Itália.

coincidia com a extinção dos dinossauros, a camada de argila se tornou o foco de sua pesquisa. A primeira tarefa foi descobrir quanto tempo levou para a camada de argila se depositar.

Luis sugeriu usar um elemento radioativo depositado em ritmo constante para calcular o tempo. Eles escolheram o irídio, que chega o tempo todo na poeira espacial, em pequenas quantidades e em ritmo conhecido, e é 10.000 vezes mais abundante em meteoritos do que na Terra. Para sua surpresa, a camada de argila continha trinta vezes mais irídio do que eles esperavam. Eles testaram outras seções expostas da fronteira K-T e descobriram que, em Copenhague, na Dinamarca, o nível era 160 vezes maior do que o esperado. Também havia picos de irídio na Espanha e na Nova Zelândia — era um evento global.

Luis Alvarez percebeu que o irídio tinha de vir do espaço. Não havia pico de plutônio, portanto a causa não eram detritos de alguma supernova próxima chovendo no planeta. Então, Chris McKee, um amigo astrônomo, sugeriu a queda de um asteroide. A partir do teor de irídio dos condritos, Luis calculou que o objeto impactante teria 300 bilhões de toneladas e 10 km de diâmetro. Faria uma cratera com 200 km de largura e 40 km de profundidade.

O asteroide do armagedom

O roteiro que se segue à queda de um asteroide desses é sinistro. A 25 km/s, o asteroide cairia com o impacto de cem milhões de bombas atômicas, lançando rochas derretidas e vaporizadas até a meio caminho da Lua. Uma bola de fogo gigantesca mataria instantaneamente tudo o que estivesse a algumas centenas de quilômetros. Tsunâmis, deslizamentos de terra e terremotos ocorreriam quase instantaneamente. A poeira na atmosfera poderia bloquear o Sol durante meses, matando plantas e destroçando as cadeias alimentares. Nenhum animal terrestre com mais de 25 kg sobreviveria ao evento.

Quando a equipe Alvarez publicou a sua teoria em 1980, muitos colegas se mantiveram céticos. A ideia do catastrofismo fora substituída pela mudança gradual, e a teoria dos Alvarez parecia um passo atrás. Walter precisava de mais provas — uma cratera, por exemplo. Mas não havia nenhuma cratera grande conhecida no período correto; Walter começou a achar que o impacto teria ocorrido

A DESCOBERTA DOS DINOSSAUROS

no mar. Então, no leito de um rio no Texas, encontrou-se uma pista: foram descobertos depósitos característicos de um tsunâmi que poderia ter ocorrido na época da extinção K-T. O tsunâmi teria 100 m de altura, muito mais do que qualquer outro tsunâmi conhecido. Em 2004, no Oceano Índico, o tsunâmi arrasador que matou quase 250.000 pessoas teve ondas de 30 m de altura. Também havia tectitos no leito do rio — bolhas de rocha que se derreteu e se solidificou rapidamente enquanto caía pelo ar. Essa era a prova que a equipe Alvarez estava procurando.

Alan Hildebrand, que na época fazia pós-graduação em geologia, calculou que o tsunâmi deve ter sido causado pela queda de um meteorito no golfo do México ou no Caribe. Outros tectitos do Haiti sugeriram um impacto a uns mil quilômetros de distância. Hildebrand identificou anomalias gravitacionais e formas arredondadas no leito do mar. A PEMEX, empresa petrolífera mexicana, pode ter encontrado a cratera em 1981, perto da aldeia de Chicxulub, na península de Iucatã. A cratera tem 180 km de diâmetro — muito perto dos 200 km previstos por Alvarez; ela foi citada como o local provável num artigo publicado em 1991.

É assim que o impacto do asteroide K-T deve ter sido visto do espaço há 66 milhões de anos.

A peça final?

Parece que a peça final do quebra-cabeça apareceu em 2019.

Um campo de fósseis descoberto em 2012 no Dakota do Norte, nos EUA, está cheio do que parecem ser provas dos momentos anteriores ao impacto. Há peixes de água doce mortos pela bola de fogo,

Reconstrução do tiranossauro assistindo à queda do asteroide no litoral do Iucatã, no México.

OS DIAS DOS MORTOS

com fragmentos de rocha vítrea alojados nas guelras, e árvores arrancadas. Peixes e árvores mortas estão espalhados ao acaso, como se explodidos da Terra para depois cair de novo.

O local, Tanis, fica a 3.000 km de Chicxulub; na época do impacto, estava perto de um rio que ia dar no mar. Os pesquisadores sugerem que um megatsunâmi com mais de 100 m de altura, provocado pelas ondas de choque do impacto, teria lançado em terra os sedimentos com água doce e organismos marinhos apenas 13 minutos depois. O sedimento tem 1,3 m de espessura, encimado por uma camada de irídio. É cedo demais para ter certeza de que o local é o que parece ser, mas, se for, temos um instantâneo inigualável do pior dia que já houve para estar vivo.

A evolução: Darwin e os tentilhões

A nossa interpretação da ascensão e da queda dos dinossauros e do que veio antes e depois se baseia bastante na teoria

A cratera de Chicxulub fica quase toda embaixo d'água, ao largo do litoral do México. Foi formada por um grande asteroide ou cometa que colidiu com a Terra. A cratera tem 20 km de profundidade, e seu diâmetro, de 180 km, é a distância de Austin a Houston, no Texas.

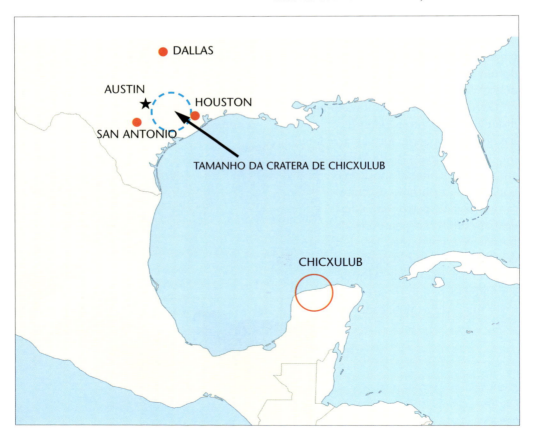

A EVOLUÇÃO: DARWIN E OS TENTILHÕES

> "Entender como deciframos um grande evento histórico escrito no livro das rochas pode ser tão interessante quanto o evento em si."
>
> Walter Alvarez

evolucionária publicada em 1859 por Charles Darwin.

Em 1831, o jovem Darwin acabara de dar uma volta geológica pelo País de Gales quando foi convidado para participar de uma viagem de cinco anos como "passageiro cavalheiro" no HMS *Beagle*. A viagem o levou primeiro à América do Sul e depois, sabidamente, às ilhas Galápagos, ao largo do Equador. Darwin estava encarregado de fazer observações científicas; na América do Sul, estudou acidentes geológicos e coletou fósseis; nas Galápagos, coletou pássaros, que, como observou, tinham bicos um pouquinho diferentes em cada ilha.

Depois de retornar, Darwin levou muitos anos para escrever e divulgar os resultados da sua pesquisa. Em 1859, ele finalmente publicou *A origem das espécies*, incentivado, ao que parece, pela notícia de que Alfred Wallace estava prestes a publicar uma teoria semelhante. No fim, os artigos de Darwin e Wallace foram publicados no mesmo ano, solução elegante engendrada por Charles Lyell.

A teoria de Darwin afirma que os organismos mudam com o tempo em consequência da "seleção natural" — os mais adaptados ao ambiente e às condições predominantes (os "mais aptos") têm mais probabilidade de sobreviver, crescer e se reproduzir. Eles encontram o melhor alimento e o melhor espaço para viver e têm sucesso na competição sexual. Em consequência, suas características passam às futuras gerações e se intensificam com o tempo. Os indivíduos menos adaptados têm menos probabilidade de sucesso, e as suas características se perderão com o tempo. Por um processo de evolução gradual, uma espécie pode se transformar em outra.

O exemplo famoso dos pássaros que ele encontrou nas Galápagos ilustra isso

Os tentilhões de Darwin evoluíram com bicos diferentes de acordo com o alimento disponível nas ilhas onde viviam.

1. Geospiza magnirostris.
2. Geospiza fortis.
3. Geospiza parvula.
4. Certhidea olivasca.

OS DIAS DOS MORTOS

com perfeição. Todos os pássaros tiveram um ancestral comum, uma espécie que chegou a uma das ilhas vinda do continente. Num período extenso, conforme se espalharam pelas ilhas, os pássaros desenvolveram bicos adaptados à alimentação diferente que as várias ilhas permitiam. Os com bicos mais adaptados a comer sementes tiveram mais sucesso nas ilhas com muitas sementes, por exemplo. Os pássaros divergiram em espécies diferentes, cada uma bem adaptada às condições predominantes no seu próprio ambiente.

Da evolução aos genes

Darwin não sabia explicar o mecanismo biológico da herança. A falta de um meio pelo qual a evolução funcionava deve ter agradado aos seus muitos detratores. Muita gente relutou em abrir mão da crença na exclusividade dos seres humanos, aparentemente corroída pela sugestão de Darwin de que evoluímos dos macacos. A evolução humana, que Darwin não enfatizou em seu livro, era um foco de discordância. Outros argumentos levantados pelos criacionistas defendiam que havia um excesso de "elos perdidos" — organismos entre os que conhecemos que, sem dúvida, devem ter existido se a teoria estivesse certa —, para os quais não temos provas. Poucos organismos se fossilizaram, e do pequeno número de organismos fossilizados que existem, poucos foram encontrados. Portanto, não surpreende que não tenhamos um registro completo e contínuo de todos os tipos de organismo que já viveram. Mas aos poucos as lacunas, como a de Romer, começaram a ser fechadas.

Na década de 1920, o biólogo americano Thomas Hunt Morgan descobriu o papel dos genes na hereditariedade com seus experimentos de criação de moscas-das-frutas. Na década de 1860, o monge austríaco Gregor Mendel tinha descoberto o padrão pelo qual as características são herdadas, mas não soube explicar como elas passavam de uma geração a outra. O trabalho de Morgan explicava o mecanismo da evolução. O modelo hoje chamado de Síntese Evolutiva Moderna surgiu nas décadas de 1930 e 1940 e foi reforçado em 1953 quando Francis Crick, James Watson e Rosalind Franklin decifraram a estrutura molecular do DNA, o material da hereditariedade. O entendimento da genética permitiu à humanidade mudar

Algumas coisas mudam, outras ficam iguais: a samambaia Osmunda claytonia *permaneceu quase inalterada durante 180 milhões de anos. A mesma planta é encontrada no registro fóssil desde o período Triássico.*

DOS DINOSSAUROS ATÉ HOJE

o curso da evolução, criando organismos com propósitos específicos.

De volta ao mar: os cetáceos, como os golfinhos, evoluíram a partir de mamíferos terrestres que colonizaram o oceano.

Dos dinossauros até hoje

A extinção K-T foi catastrófica para muitos organismos, mas entre os sobreviventes estavam os mamíferos e os últimos dinossauros — as aves. A vida seguiu o padrão conhecido de diversificação por irradiação adaptativa — os organismos se expandem em nichos recém-disponíveis e se adaptam para se especializar ali.

Pequenos mamíferos tinham evoluído na China no fim do período Triássico. Em geral, eram noturnos e, provavelmente, se mantinham bem longe dos animais maiores, vivendo em tocas subterrâneas ou em árvores. No entanto, cerca de 10 a 15 milhões de anos depois da extinção K-T, os mamíferos começaram a ficar maiores e a se espalhar por todos os tipos de nicho ecológico, chegando a retornar ao mar, onde as patas se transformaram nas barbatanas e nadadeiras de baleias e golfinhos. Foi o início da era Cenozoica, que dura até hoje.

Terras espalhadas

No fim do Cretáceo, Pangeia se separou, e as massas terrestres continentais se deslocaram rumo à posição atual. A América do Sul e a do Norte ainda estavam separadas, e ambas estavam mais perto da Europa e da África do que hoje. O oceano Atlântico acabara de se abrir, e a Índia era uma ilha que se movia para o norte, em rota de colisão com o resto da Ásia, o que faria subir o Himalaia. A Austrália era uma ilha ao largo da Antártica. O mapa

OS DIAS DOS MORTOS

A Terra há uns 66 milhões de anos, no fim do Cretáceo. Os contornos brancos correspondem às massas terrestres modernas.

era reconhecível, ainda que não igual ao de hoje.

Com essa nova distribuição das terras, o litoral ficou mais extenso — havia relativamente poucas áreas muito distantes do mar. Com as cordilheiras que surgiam, mais rochas da Terra se expuseram aos elementos. O carbono da atmosfera se combinou com a água para formar um ácido fraco e caiu como chuva na superfície do planeta, onde dissolveu as rochas (desgaste químico). Houve uma redução gradual do dióxido de carbono na atmosfera. Quando o cobertor de gases do efeito estufa se afinou, a temperatura caiu. Durante a era Cenozoica, o mundo foi ficando mais frio (embora tenha havido épocas mais frias e mais quentes pelo caminho).

Capim e pastagens

Com a mudança climática, as florestas úmidas recuaram, e a terra se abriu. Cerca de 25 milhões de anos atrás, as gramíneas começaram a colonizar vastas regiões. Com as pastagens, vieram animais cujos dentes aos poucos se adaptaram a quebrar as folhas duras e fibrosas e a lidar com a terra recolhida no processo.

Não se sabe se ruminantes e pastagens surgiram ao mesmo tempo ou se as pastagens vieram primeiro e ofereceram o ambiente no qual os ruminantes evoluíram. Seja como for, o clima se alterou, provocado por mudanças geológicas, e as plantas e animais se adaptaram para lidar com ele.

Com bastante alimento, os ruminantes se tornaram maiores e mais diversificados. O capim reage bem à poda. Ele se espalha pela raiz, e a planta aumenta de tamanho no subsolo. As outras plantas baixas cortadas pelos ruminantes não tinham essa vantagem, e as gramíneas se tornaram dominantes. Um inúmero imenso

DOS DINOSSAUROS ATÉ HOJE

de ruminantes dóceis ofereceu um suprimento alimentar a predadores cada vez maiores. Os ancestrais dos leões, lobos e ursos de hoje surgiram e caçaram os ruminantes, que aprenderam a se agrupar em grandes manadas para se proteger.

As condições favoreceram os grandes mamíferos de outras maneiras também. Há cerca de 50 milhões de anos, o nível de oxigênio na atmosfera subiu cerca de 5%, chegando talvez a 23%. Isso ajudou o desenvolvimento de corpos e cérebros grandes, que precisam de muito oxigênio. O clima era mais quente do que hoje, com crocodilos em vez de calotas polares perto do Polo Norte. O nível do mar provavelmente era 100 m mais alto do que hoje.

Mamíferos placentários

Um estudo de 2013 constatou que um desenvolvimento biológico importante surgiu em algum ponto das Américas apenas 400.000 anos depois da queda do asteroide: o aparecimento dos mamíferos placentários. Esses animais nutrem os bebês não nascidos dentro da mãe, usando um órgão especialmente criado chamado placenta, e dão à luz filhotes vivos. Essa se mostraria uma estratégia biológica de extraordinário sucesso; hoje há mais de cinco mil espécies de mamíferos placentários, de roedores minúsculos a baleias imensas. Os mamíferos placentários se espalharam depressa pelo mundo, embora não tenham chegado à Austrália nem à América do Sul, que estavam mais distantes das outras massas terrestres. Eles só chegariam à América do Sul depois que surgiu uma ponte terrestre até a América do Norte e só chegaram à Austrália quando levados pelos seres humanos.

O transporte de mamíferos placentários para a Austrália foi apenas uma das mudanças que os seres humanos causariam na Terra, começando muito cedo seu domínio do planeta. A humanidade transformou mais a Terra do que qualquer outro organismo depois das cianobactérias fotossintetizantes, que nos puseram no caminho da atmosfera oxigenada.

Hoje, os mamíferos placentários se encontram no mundo inteiro, embora esses porcos selvagens da Austrália não pudessem atravessar o oceano sem a ajuda humana.

CAPÍTULO 9

Rumo ao
ANTROPOCENO

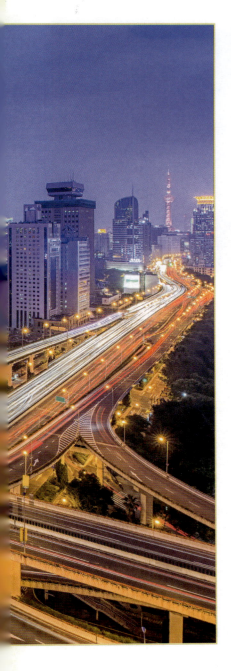

"As bactérias [...] estão aí há três bilhões e meio de anos, e sem elas não temos nenhuma possibilidade de sobrevivência. Os seres humanos são algo muito recente, como a espuma no alto de um copo de cerveja."

James Lovelock, 1990

A ascensão e a potencial queda da humanidade são uma parte minúscula da história da Terra. Estamos aqui há uma fração de segundo de tempo geológico e provavelmente desapareceremos igualmente depressa. Mas deixaremos nossas cicatrizes, assim como as primeiras cianobactérias deixaram as delas.

A humanidade mudou as paisagens da Terra de forma inimaginável há poucos séculos.

RUMO AO ANTROPOCENO

Fora das florestas

Enquanto a Terra se recuperava do último impacto do grande asteroide, as aves ficaram maiores e sem voo, depois voltaram a ser (quase todas) pequenas e voadoras; os mamíferos se tornaram grandes e variados; e os répteis ocuparam uma posição menos predominante do que antes. Enquanto isso, nos primeiros dez milhões de anos depois da queda do asteroide K-T, os ancestrais dos primatas saíram das florestas. No início, eram herbívoros pequenos, parecidos com esquilos, que corriam pelas árvores da Europa, da Ásia e da América do Norte, segurando-se com pés e mãos.

Os primeiros macacos do "Velho Mundo" e os primeiros do "Novo Mundo" apareceram há cerca de 34 e 30 milhões de anos respectivamente, presume-se que a partir de um grupo que de algum modo conseguiu atravessar o oceano, talvez à deriva numa "jangada" de vegetação. Num longo período de clima mais frio, separação continental e queda do nível do mar, os primatas continuaram a se deslocar e evoluir até que, há oito ou nove milhões de anos, um grupo da África se dividiu em dois. Um ramo evoluiu até os gorilas, o outro até os chimpanzés, bonobos e seres humanos. A primeira espécie de hominíneo da Idade da Pedra, o *Homo habilis*, surgiu há 2,8 milhões de anos na África.

Mudanças

Os hominíneos passaram a alterar seu ambiente quase de imediato. O *Australopithecus* começou a usar ferramentas 2,5 milhões de anos atrás. Os implementos

O Homo habilis, *um dos nossos primeiros ancestrais usuários de ferramentas, viveu na África entre 2,1 e 1,5 milhões de anos atrás.*

foram melhorando constantemente com o tempo; as ferramentas capacitaram os seres humanos a ser mais ambiciosos ao enfrentar seus inimigos e lhes permitiu caçar presas grandes. Enquanto os australopitecinos tinham uma alimentação de base vegetal, talvez complementada com ovos e pedaços de carne ocasionais, na época mais tardia do *Homo erectus* carne e peixe eram uma parte muito mais importante da dieta. Isso fica evidente nos sítios de refugo (ossos e conchas em cavernas etc.). O *Homo erectus* também foi o primeiro de nossa linhagem direta a sair da África.

O grande passo seguinte foi dominar o fogo. Exatamente quando os seres humanos conseguiram isso não se sabe. Os indícios inequívocos mais antigos do uso de

FORA DAS FLORESTAS

LUCY E OUTROS

Acredita-se atualmente que o mais antigo ancestral humano seja o *Australopithecus anamensis*, que viveu na África entre 4,2 e 3,8 milhões de anos atrás. O *Australopithecus afarensis*, mais conhecido pelo famoso esqueleto de "Lucy", viveu entre 3,9 e 3 milhões de anos atrás e, provavelmente, descendeu do *A. anamensis*. Os primeiros fósseis de *Homo sapiens*, encontrados na África, têm 300.000 anos. Os primeiros fósseis de seres humanos modernos encontrados fora da África datam de 210.000 anos atrás e foram achados na Grécia. Outros grupos foram localizados na China (de 125.000 a 90.000 anos atrás) e em outros locais. Os seres humanos modernos fora da África evoluíram de um grupo que migrou há 60.000 anos.

fogo vêm de um sítio da China datado, de maneira bem vaga, de 790.000 a 400.000 anos atrás. O fogo e o uso de ferramentas deram aos seres humanos uma vantagem enorme sobre qualquer outro organismo: permitiram a sua migração para ambientes diferentes sem ter de esperar que a evolução biológica os equipasse para condições diferentes. As pessoas poderiam ir rapidamente para as regiões mais frias do norte, e não no ritmo em que a evolução lhes permitisse criar uma pelagem espessa e uma camada isolante de gordura. Elas poderiam migrar assim que matassem um animal de pelagem espessa e fizessem um agasalho quente com sua pele — o trabalho de uma tarde, em vez de vários milênios de evolução. E, se ainda sentissem frio, poderiam acender uma fogueira.

Os seres humanos eram (e ainda são) um animal tropical capaz de viver em regiões temperadas e até frias por causa de sua capacidade de aproveitar o fogo, as

Com proporções corporais semelhantes às dos seres humanos modernos, o Homo erectus *usava fogo, ferramentas e cozinhava os alimentos.*

RUMO AO ANTROPOCENO

ferramentas e os outros animais. A única concessão substancial que a evolução fez aos seres humanos que saíram dos trópicos foi equipar os habitantes das regiões do norte com pele clara. Com menos exposição ao sol, a pele mais clara ainda consegue sintetizar vitamina D, mas uma desvantagem é que se queima quando exposta ao sol em excesso. Ainda assim, é mais fácil ficar na sombra ou lidar com a queimadura do que sofrer de raquitismo e outras deficiências de vitamina D.

Aviso precoce

Desde o começo, o cérebro relativamente grande e a maior destreza dos seres humanos tiveram um efeito negativo sobre os outros organismos. Provavelmente, não é coincidência que não haja megafauna em nenhum lugar do mundo fora da África, onde os seres humanos surgiram; possivelmente, é porque a evolução dos seres humanos no continente africano permitiu que os animais grandes se adaptassem a eles. Apesar disso, quando os primeiros homininéos saíram da África, o tamanho médio dos mamíferos africanos caíra à metade. Em todas as terras para onde os seres humanos migraram, a megafauna desapareceu pouco depois da sua chegada. Provavelmente, isso resultou da caça; trabalhando em conjunto e usando ferramentas, os seres humanos conseguiam derrubar até presas grandes. A mudança climática e a destruição de habitats também pode ter seu papel.

Um estudo de 2018 de Felisa Smith, da Universidade do Novo México, quantificou a mudança com precisão. O tamanho dos mamíferos em todas as ecorregiões declinou rapidamente depois que os seres humanos chegaram; os mamíferos que

Um grupo de neandertais, usando roupas e armas, ataca um bisão. Os neandertais sobreviveram até 40.000 anos atrás e coexistiram com o Homo sapiens *na Europa.*

FORA DAS FLORESTAS

desapareceram eram de cem a mil vezes maiores do que os que sobreviveram. O padrão se repetiu em todos os continentes, exceto a Antártica (que não tem animais grandes) durante pelo menos 125.000 anos. O *Homo sapiens* não é o único responsável; provavelmente o declínio começou com o *Homo erectus* e outras espécies, até 1,8 milhão de anos atrás. Quando os seres humanos migraram para a Europa e a Ásia, o tamanho dos mamíferos caiu à metade, como aconteceu na África. Quando foram para a Austrália, caiu 90%. Na América do Norte, a massa média dos mamíferos caiu de 98 kg para 7,7 kg.

Inverno vulcânico

Os seres humanos ainda não tiveram de lidar com um evento de extinção arrasador, mas é possível que isso quase tenha acontecido há 75.000 anos. Mais ou menos nessa época, o supervulcão Toba, na Indonésia, teve uma erupção catastrófica que ejetou cerca de cem vezes mais material do que a erupção do Tambora em 1815, cerca de 3.000 km³. Os estudos do efeito da erupção são inconclusivos. O geólogo Michael R. Rampino e o vulcanólogo Stephen Self afirmam que causou um "resfriamento breve e drástico ou 'inverno vulcânico'", mas os indícios dos testemunhos de gelo da Groenlândia indicam um período de mil anos de frio. Outros especialistas dizem que houve resfriamento moderado por um curto período e outros, que não houve efeito significativo.

Os estudos genéticos mostraram que a humanidade e algumas outras espécies, como tigres e chimpanzés, enfrentaram um gargalo genético mais ou menos na mesma época, que assinala uma redução imensa do reservatório gênico causada pela morte de grande parte da população.

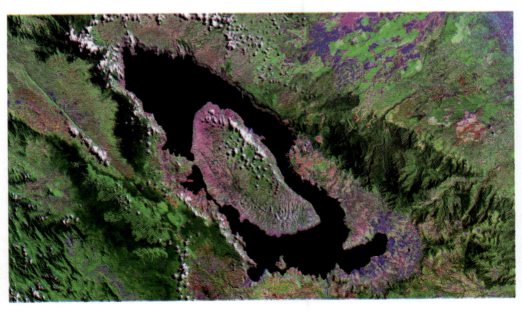

O lago Toba visto do espaço; é o local da erupção de um supervulcão há cerca de 75.000 anos.

193

RUMO AO ANTROPOCENO

É provável que a população humana tenha caído para algo em torno de 3.000 a 10.000 indivíduos, dos quais descenderam todos os seres humanos modernos. Alguns cientistas acreditam que o gargalo e a erupção não estão relacionados, mas claramente houve algum tipo de crise, e os seres humanos escaparam por pouco da extinção.

Agrupamentos

Muitos organismos vivem em grupos, mas os seres humanos começaram a formar grupos cada vez maiores, mudando a paisagem e comerciando com outros grupos de pessoas. A Revolução do Neolítico, que começou há cerca de 12.500 anos em diversas áreas do mundo, viu a mudança do estilo de vida nômade do caçador-coletor para comunidades instaladas num só lugar e lavrando a terra.

O impacto dos seres humanos sobre o mundo natural começou a aumentar, pois a agricultura trouxe a limpeza das terras, o desmatamento em pequena escala, o desvio de vias fluviais e o estabelecimento da irrigação. Ela também afetou a formação genética de outros organismos por meio da criação seletiva. Os seres humanos foram os primeiros organismos a causar mudanças duradouras na paisagem física. Em vez de simplesmente fazer ninhos e tocas que somem em poucos anos, as pessoas escavaram do chão as rochas de um lugar e as levaram para outro, depois lhe deram formas que jamais obteriam naturalmente. Misturaram argilas e pigmentos para fazer cerâmica e, mais tarde, extraíram minérios e metais do chão e os separaram ou misturaram. Os dias do mundo verdadeiramente natural tinham acabado.

Uma das primeiras mudanças permanentes do ambiente devidas à humanidade foi o uso de pigmentos para pintar as paredes das cavernas, usadas como moradia.

A preamar da humanidade

Instalar-se em aldeias e cidades pode ter prejudicado a saúde humana (ver o quadro ao lado), mas não impediu as pessoas de procriar. A população humana explodiu, e, com a linguagem falada e, mais tarde, escrita, as pessoas foram capazes de dividir e transmitir conhecimento, trabalhar cooperativamente em projetos que podiam durar mais do que uma vida, comerciar objetos pelo mundo e começar a construir o edifício da ciência moderna. Inventaram-se histórias para explicar o mundo, produzindo as religiões e as artes criativas. Construíram-se estruturas sociais baseadas em leis e inventou-se o dinheiro. Em resumo, surgiu a humanidade moderna, e seu número só fez aumen-

A PREAMAR DA HUMANIDADE

Quando os seres humanos trocaram o estilo de vida principalmente nômade e peripatético pela vida assentada e até sedentária, seu corpo também mudou.

DE NÔMADE A AGRICULTOR

Para as pessoas, pode ter parecido uma boa ideia se instalarem em grupos que, mais tarde, se tornariam povoados e cidades e praticar a agricultura para garantir um suprimento regular de alimentos. Mas o impacto sobre a saúde humana não foi totalmente positivo. Viver muito perto uns dos outros resultou na disseminação de doenças e nas primeiras epidemias. A proximidade com animais domesticados permitiu a transferência de patógenos animais para os humanos e sua evolução subsequente como patógenos humanos. Entre os exemplos de doenças infecciosas que passaram dos animais para os seres humanos estão varíola, gripe e sarampo. Além disso, o padrão nutricional das populações sedentárias tendia a ser pior do que o dos caçadores-coletores. A transição da alimentação baseada em carne para a baseada em cereais resultou na redução da estatura e da expectativa de vida. Seria preciso chegar ao século XX para a altura humana retornar ao nível anterior à decisão de se instalar num só lugar.

No entanto, a agricultura tinha seus benefícios. A disponibilidade de leite e cereais permitiu que as mães pudessem criar ao mesmo tempo um filho pequeno e outro um pouco maior, e a população aumentou com mais rapidez. As comunidades sedentárias aprenderam a armazenar o excesso de alimentos para que pudessem comer em épocas de escassez.

RUMO AO ANTROPOCENO

tar, assim como seu impacto sobre o resto do mundo.

Deslocamentos

Os seres humanos foram a primeira espécie terrestre (além das aves) a atravessar vastas extensões de alto-mar. Eles também levaram outras espécies para essas novas regiões, às vezes de propósito, outras vezes como passageiros involuntários.

Às vezes, isso foi prejudicial para outros seres humanos, quando, por exemplo, doenças eram levadas até populações vulneráveis; também podia ser prejudicial para outros organismos e ambientes. Levar ratos, cães e outros predadores para ilhas livres dessas criaturas geralmente destruía a população de animais endêmicos. Outras introduções, embora não diretamente predatórias, competiram com as espécies locais e as levaram à extinção.

Tomada do controle

Os seres humanos se tornaram imensamente bem-sucedidos como espécie em muito pouco tempo. Isso deu às outras espécies pouca chance de se adaptar às mudanças que provocamos. A população humana de no máximo 10.000 indivíduos no gargalo de 75.000 anos atrás chegou a um bilhão por volta de 1804. Hoje, pouco mais de duzentos anos depois, é de quase oito bilhões. Os avanços da medicina e da produção de alimentos libertaram a população das restrições que afetam os

Os mexilhões-zebra e quaga surgiram na Europa oriental mas foram levados para a América do Norte na água de sentina dos navios. Eles colonizaram os Grandes Lagos, onde reduziram tanto a densidade de plâncton da água que, mais transparente, ela se tornou propensa a eflorescências fatais de algas.

outros organismos. Não nos limitamos ao suprimento de comida que conseguimos encontrar porque podemos cultivar mais. Somos os únicos capazes de combater doenças e de nos deslocar em distâncias muito grandes em massa e muito depressa. O mundo nunca teve de lidar com um organismo como nós, e é difícil prever o futuro.

Sem minimizar o impacto anterior dos seres humanos, a situação com certeza se alterou rápida e significativamente com o advento da Revolução Industrial. Maior mudança social desde a revolução agrícola do Neolítico, a revolução industrial começou na Grã-Bretanha e no norte da Europa e logo se espalhou para a América do Norte e o resto do mundo. As máquinas começaram a automatizar tarefas que antes eram feitas lentamente por pessoas, e as máquinas começaram a ser movidas por combustível em vez da força muscular humana ou animal. A força do vapor veio primeiro, usando madeira e depois carvão como fonte de energia. Abriram-se minas onde quer que houvesse carvão, e cavaram-se canais para transportar o carvão e os produtos das novas fábricas que ele alimentava. Aqui nossa história se cruza, pois foi a escavação de canais e minas de carvão que provocou as descobertas geológicas do século XVIII. Embora tendamos a pensar na industrialização como característica da época moderna, as pessoas usavam combustíveis fósseis muito antes do século XVIII. A cidade de Babilônia usava asfalto há quatro mil anos; entre os gregos, o historiador Heródoto descreveu um poço de petróleo e betume; os chineses extraíam petróleo dois mil anos atrás. Os chineses também cavaram poços de petróleo no século IV e os conectaram a fontes de água salgada por tubos de bambu; eles queimavam o petróleo para evaporar a água do mar e extrair sal.

No entanto, essas operações em pequena escala não eram nada comparadas ao que veio com a Revolução Industrial. Em cem anos, as cidades se tornaram lugares sujos e poluídos, onde as fábricas cuspiam fumaça e envenenavam a água e as pessoas trabalhavam sob condições deploráveis e perigosas. As cidades ficaram ainda maiores quando as pessoas migraram para trabalhar lá. A agricultura também se adaptou: as máquinas compensaram e exacerbaram a escassez de mão de obra, e o tamanho maior resultante de campos e fazendas mudou a paisagem.

Do chão ao ar

A Revolução Industrial nos pôs no caminho que ainda seguimos, queimando combustíveis fósseis e, portanto, removendo o carbono armazenado no chão e liberando-o no ar sob a forma de dióxido de carbono. A invenção dos veículos a motor movidos a gasolina ou diesel no fim do século XIX e a descoberta de que o gás natural também podia ser queimado como combustível aumentaram os danos. Os cientistas podem medir a quantidade de dióxido de carbono no ar em passado geologicamente recente extraindo bolhas de atmosfera presas nos testemunhos de gelo obtidos nas regiões polares. Isso revela que o nível de dióxido de carbono na atmosfera é muito mais alto hoje do que em qualquer momento dos últimos 800.000 anos e que subiu rapidamente nos últimos duzentos anos. Não há explicação plausível além da liberação de dióxido de carbono pela queima de combustíveis fósseis.

RUMO AO ANTROPOCENO

Nível crescente

Os primeiros indícios quantitativos do nível crescente de dióxido de carbono vieram à luz em 1938, quando o engenheiro inglês e meteorologista amador Guy Callendar comparou medições recentes do dióxido de carbono atmosférico feitas no leste dos EUA com os registros históricos de Kew, na Inglaterra, de 1898 a 1901. O nível na virada do século XX era de 274 partes por milhão (ppm), mas em 1938 era de 310 ppm. Callendar concluiu que a causa eram as emissões da queima de combustível fóssil. A ideia já tinha sido proposta pelo químico sueco Svante Arrhenius, mas Callendar foi o primeiro a dar provas concretas do aumento do nível de dióxido de carbono.

O ritmo em que o dióxido de carbono atmosférico está aumentando é reconhecido como causa de alarme significativo por todos, menos os negacionistas climáticos mais intransigentes. Eventos climáticos extremos, temperaturas mais altas e a redução do gelo no mundo inteiro indicam problemas graves à frente. Mas, quando notou a mudança, Callendar achou que ela salvaria a humanidade da volta da idade do gelo, que parecia uma preocupação maior em meados do século XX do que o aquecimento global. Em 1958, os cientistas começaram a acompanhar o nível de dióxido de carbono na atmosfera acima de Mauna Lao, no Havaí. O gráfico dessas leituras mostra o nível subindo sem parar, mas com uma linha característica em serrote que reflete o padrão de uso maior de combustível no hemisfério norte (mais povoado) nos meses de inverno. O gráfico se chama curva de Keeling por causa de David Keeling, que iniciou o programa em 1958 e o dirigiu até 2005.

O clima de ontem

Para entender a mudança climática moderna, precisamos colocá-la no contexto do clima anterior. A Revolução do Neolítico veio no fim de um período glacial no qual o gelo se estendeu bastante pela Europa a partir do Polo Norte. Quando o clima esquentou, tornou-se possível para as pessoas migrarem para o norte e plantar com confiança. O clima temperado da Europa e da Ásia ajudou os seres humanos a prosperar. Embora os fósseis e as formações rochosas deem aos geólogos amplos indícios para elaborar a história física e biológica da Terra, o clima é efêmero e deixa menos vestígios. O estudo do paleoclima (clima do passado distante) se baseia em fatores secundários, como rochas danificadas pelo gelo, pólen e esporos e as assinaturas isotópicas das rochas.

A produção do clima

O clima da Terra é produzido pela interação de cinco componentes principais: atmosfera, hidrosfera, criosfera (depósitos de gelo, como calotas e geleiras), litosfera e biosfera. Em conjunto, elas ditam o clima e, portanto, o tempo. Mas são restringidas pela quantidade de energia térmica disponível na Terra, e essa é determinada pelo Sol, pela atividade vulcânica e pela presença de gases do efeito estufa, que controlam quanto calor escapa para o espaço.

Fora deste mundo

O Sol era menor e emitia menos calor nos primeiros dias do sistema solar, mas o calor interno da Terra compensava isso suficientemente para permitir água líquida na superfície. A quantidade de radiação que recebemos do Sol ainda não é fixa. Ela é afetada pela atividade solar e

O CLIMA DE ONTEM

pela variação do movimento da Terra no espaço.

Na década de 1920, o geofísico sérvio Milutin Milanković propôs que o clima é afetado pelas variações do padrão cíclico dos movimentos da Terra no espaço. Hoje, esses efeitos se chamam ciclos de Milankovitch. O mais espantoso em termos de sua correspondência com a mudança de temperatura é a excentricidade da órbita da Terra em torno do Sol (até que ponto é elíptica ou até que ponto se desvia de um círculo de verdade). Ela varia num ciclo que leva 405.000 anos para se completar. A órbita excêntrica é causada pela interação da atração gravitacional dos outros planetas, principalmente Vênus (porque está perto) e Júpiter (porque é grande). Com o estudo de camadas de sedimento de núcleos rochosos extraídos de uma floresta petrificada no Arizona, os cientistas descobriram que esse ciclo que afeta a mudança climática permanece imutável há pelo menos 215 milhões de anos.

A excentricidade da órbita da Terra interage com outros ciclos e produz um padrão de insolação variável (a luz do sol que chega) de 100.000 anos, que combina com o padrão de glaciação dos últimos 2,58 milhões de anos. Outras variações do movimento da Terra no espaço são a inclinação axial e a mudança gradual da órbita (chamada de precessão apsidal). Em escala ainda maior, todo o sistema solar gira em torno do centro da galáxia numa órbita que leva 230 milhões de anos. O efeito desses ciclos sobre o clima da Terra ainda está sendo investigado.

De volta à Terra

O clima da Terra variou muito mais nos últimos quatro bilhões de anos do que resultaria apenas dos ciclos do movimento da Terra no espaço e das atividades do Sol. A composição da atmosfera, a natureza e a posição das massas terrestres e a atividade de todos os tipos de organismo se combinam para criar o clima dentro dos parâmetros estabelecidos por esses ciclos. Descobrir os detalhes do antigo clima da Terra fica cada vez mais difícil quanto mais recuamos no tempo.

Cavar um testemunho (cilindro) de rocha revela um registro cronológico que se estende por milhões de anos.

RUMO AO ANTROPOCENO

Climas do passado

O interesse pelo paleoclima começou no século XIX. Em 1889-1891, o geólogo neozelandês John Hardcastle descreveu o primeiro registro de climas antigos com base nos depósitos de loesse de Timaru, na Ilha do Sul da Nova Zelândia. Ele percebeu que o loesse, um tipo de lodo, se deposita como uma camada de pó soprado pelo vento que, depois, se compacta e endurece. Forma-se tipicamente em períodos glaciais, quando há pouca vegetação para impedir a remoção do solo. Hardcastle viu que os depósitos de Dashing Rock registram vários períodos glaciais. Entre as glaciações, deposita-se uma rocha mais escura, separando com clareza os períodos.

Arquivos e substitutos

O trabalho de Hardcastle foi o primeiro exemplo de uso de um substituto (sedimentos) por um cientista para acessar dados sobre o clima nele registrado. Hoje, praticamente todos os climas, menos os mais recentes, são estudados por meio de indicadores substitutos e dos arquivos que produzem. Os registros humanos dão informações sobre as últimas centenas de anos, mas com detalhes e precisão decrescentes conforme recuamos no tempo. Para a Pré-história, os dados climáticos têm de ser desenterrados do ambiente biológico, físico e químico.

Os depósitos de loesse da Nova Zelândia revelaram informações úteis sobre o paleoclima.

O CLIMA DE ONTEM

Os testemunhos de gelo conservam em bolhas amostras da atmosfera antiga, além de pó, pólen, cinzas vulcânicas e outros indicadores do clima do passado. Os testemunhos de gelo atuais datam de 800.000 anos — tempo suficiente para serem correlacionados com ciclos como a inclinação axial e a precessão apsidal.

Os pesquisadores do paleoclima usam três tipos de indicadores. Os biológicos já foram vivos: incluem pólen e esporos fossilizados, conchas de moluscos, anéis de árvore e carvão. Os indicadores físicos são os sedimentos estudados por Hardcastle e os testemunhos de gelo (que também são indicadores químicos). Entre os indicadores químicos, estão os isótopos e os biomarcadores (substâncias produzidas por coisas vivas). Cada um deles codifica um arquivo de informações sobre o clima do passado. Por exemplo, a presença de tipos específicos de pólen indica que as condições climáticas eram adequadas para aquele tipo de planta. O gelo se dispõe em camadas, grossas ou finas dependendo da neve pesada ou leve, e prende poeira e gases que podem revelar o estado da atmosfera.

CHUVA FOSSILIZADA

As marcas fossilizadas de gotas de chuva em Prieska, na África do Sul, registram a chuva de 2,7 bilhões de anos atrás. A chuva caiu sobre cinza vulcânica que depois se solidificou, preservando o registro perfeito de um dia chuvoso. O estudo detalhado dos fósseis revela que a pressão atmosférica da época era semelhante ou menor do que a de hoje e que a Terra era quente, com uma atmosfera rica em gases do efeito estufa, como dióxido de carbono, etano e metano. Lyell sugeriu usar as gotas de chuva para calcular a antiga pressão atmosférica em 1851.

A criação de nosso arquivo

As mudanças que os seres humanos provocaram no clima também ficam registradas no ambiente natural. A mudança

RUMO AO ANTROPOCENO

No fim do século XVIII, quando George Stubbs pintou O boi de Lincolnshire, *as pessoas refinavam os rebanhos havia milênios com cruzamentos cuidadosos.*

tem sido tão rápida que, daqui a milhões de anos, será difícil identificar o que está registrado. Se as calotas polares derreterem, não haverá testemunhos de gelo como arquivo. Os sedimentos e o desaparecimento rápido de espécies mostrarão um evento de extinção, mas a elevação súbita do dióxido de carbono nos últimos séculos provavelmente será um enigma para qualquer espécie futura capaz de investigar.

Moldar o meio ambiente

Desde o início da agricultura, os seres humanos configuraram plantas e animais para satisfazer as suas necessidades. As pessoas guardavam as sementes das melhores plantas para cultivá-las no ano seguinte e cruzavam as melhores ovelhas, vacas, cães e outros animais para produzir mais com as características preferidas.

Nos séculos XX e XXI, desenvolvemos tecnologia para controlar os genes diretamente. Além de mudar a natureza das plantas e animais que queremos, tentamos erradicar os que não queremos. Em geral,

OUTRA EXTINÇÃO EM MASSA?

A taxa atual de extinção de espécies levou os cientistas à conclusão de que estamos no meio da sexta (ou sétima) extinção em massa, dessa vez causada pela ação humana e suas consequências: mudança climática, desmatamento, poluição e desertificação. A ONU afirma que um milhão de espécies enfrenta a extinção. Considera-se que o ritmo atual é de mil vezes a taxa normal entre os eventos de extinção.

esses se tornaram — ou evoluíram para se tornar — bem resilientes, e outros alvos involuntários sofreram.

Depois da Segunda Guerra Mundial, quando foi usado para controlar malária e tifo, o diclorodifeniltricloroetano (DDT) foi promovido pelo governo e pela indústria ao combate a pragas agrícolas e domésticas. Seu uso extenso e indiscriminado, ao lado de outros pesticidas, causou a morte não só dos insetos como de animais mais acima da cadeia alimentar e levou a um desastre ecológico. A bióloga marinha americana Rachel Carson documentou esse desastre em *Primavera silenciosa*, seu livro inovador de 1962. Seu trabalho incentivou novas leis e o início do movimento ecológico.

Como parte do Grande Salto Adiante de 1958-1962, a China incentivou sua enorme população a travar uma guerra contra as "quatro pragas". Uma delas era o pardal, que comia os cereais necessários para alimentar a população. Mas a intervenção levou ao aumento do número de insetos que os pardais comeriam e, consequentemente, à fome que matou 15 a 45 milhões de pessoas.

Nós nos tornamos mais conscientes da fragilidade das cadeias alimentares e dos ecossistemas depois dessas catástrofes do século XX.

Fazer e destruir

A humanidade começou a extrair metais de minérios há milhares de anos, levando primeiro à Idade do Bronze e depois à do Ferro. Desde então, criamos ligas que combinam metais de um modo como eles nunca se misturariam em seu estado natural e desenvolvemos outras substâncias e materiais desconhecidos na natureza. Alguns, como plástico e concreto, não têm forma natural de se decompor e durarão milhares de anos. Os resíduos radioativos de nossas usinas nucleares também durarão milhares de anos.

Mas a Terra não fica parada à nossa volta, e a evolução talvez já esteja alcançando algumas mudanças que provocamos. Uma bactéria identificada em 2016, a *Ideonella sakaiensis*, consegue decompor os plásticos PET e usar o carbono como fonte de alimento. Outra bactéria, a *Deinococcus radiodurans*, descoberta em 1956, suporta doses altíssimas de radiação e foi usada experimentalmente para limpar o solo contaminado com metais pesados e resíduos radioativos. Sua resistência inigualável lhe valeu o apelido de "Conan, a Bactéria".

Os pesticidas e as doenças ameaçam a saúde das abelhas e de outros polinizadores, dos quais depende nosso sistema alimentar.

Conclusão
TERRA, UMA OBRA EM ANDAMENTO

A evolução não acabou, nem a história da Terra. Supondo que a humanidade sobreviva, os seres humanos continuarão a evoluir, e a Terra passará por mais períodos quentes, idades do gelo, quedas de asteroides e erupções vulcânicas catastróficas. O planeta está na meia-idade e tem mais cinco bilhões de anos, mais ou menos, antes que o Sol se expanda para devorar seus pequenos. Muita coisa acontecerá nesse tempo. Em prazo relativamente curto, os continentes derivarão novamente até se juntar num supercontinente; o clima se aquecerá e o nível do mar vai subir; as plantas se reafirmarão e tirarão parte do dióxido de carbono do ar e o resfriarão outra vez. Isso restaurará um equilíbrio que talvez não favoreça os seres humanos, mas permitirá que outra coisa prospere.

Outros planetas de nosso sistema solar já podem ter suportado vida, e

> **A TERRA SEMPRE EM MUDANÇA**
>
> Hoje, o teor de dióxido de carbono da atmosfera é de cerca de 415 ppm, o mais alto desde o Plioceno, entre 5,3 e 2,6 milhões de anos atrás. Naquela época, a Antártica estava coberta de florestas luxuriantes. Não foi a primeira vez que a Antártica esquentou; há 100 milhões de anos, a temperatura lá era mais ou menos a mesma que na África do Sul de hoje. É possível que a temperatura média perto dos trópicos fosse de 40° a 50°; as plantas e animais de hoje não sobreviveriam a esse calor. Por outro lado, algum mecanismo, talvez furacões frequentes e correntes marinhas diferentes, podem ter redistribuído o calor para os polos, de modo que os trópicos não fossem tão quentes quanto parece. A Terra não teve calotas polares durante a maior parte de sua história, e, se o planeta está retornando a um estado mais quente, isso não será nenhuma novidade.

TERRA, UMA OBRA EM ANDAMENTO

algumas luas em torno dos gigantes gasosos possivelmente ainda mantêm alguma forma viva. A Terra é especial por ter tantas formas de vida variadas em tantos ambientes diferentes, das chaminés marinhas escaldantes às montanhas congeladas, aos desertos ressequidos e aos pântanos tropicais. A sua capacidade de sustentar vida é parcialmente explicada pela sua posição — bastante perto do Sol para ter água líquida, mas não tão perto que vire um forno. Mas a posição sozinha não basta.

A Terra tem uma mistura exclusiva de condições, principalmente a atividade tectônica, que a torna aprazível à vida. O ciclo das rochas oferece um modo de refrescar o clima, dar a partida no planeta congelado por acrescentar dióxido de carbono quando necessário e removê-lo da atmosfera quando fica quente demais. Embora a Terra ainda tenha placas tectônicas em movimento e água líquida, é provável que permaneça habitada, de um modo ou de outro. E a vida, por sua vez, continuará a se moldar e ser moldada pelo seu lar.

Climas diferentes favoreceram tipos diferentes de organismo durante a história da Terra. Conforme a Terra esquenta agora, quem sabe o tipo de organismo que surgirá para se aproveitar das novas condições?

ÍNDICE

Agassiz, Alexander 80
Agrícola, Georgius 76, 150
água
  e erosão 82-4
  formação da 54-6
  no ciclo do carbono 53
água pesada 54, 55
Alvarez, Luis 172, 179-80
Alvarez, Walter 172, 179-80, 183
Anaxágoras 101
anfíbios 168-9
Anning, Mary 177
Arqueano, éon 39-40, 57
Aristóteles 28, 74, 100-2, 118, 149
Arrhenius, Svante 198
asteroides 21
Aston, Frederick 46-7
Atlântica 60
atmosfera
  ciclo do carbono na 53-4
  comparações planetárias 52-3
  formação da 46-51
  mudanças da 51-2, 198-201

Becker, George 31
Becquerel, Henri 34-5
Bede, Venerável 28
Belloc, Hilaire 167
biosfera 69
Black, Joseph 85
Boltwood, Bertram 36
Brookes, Richard 177
Brown, Barnum 179
Brown, Harrison 47
Buckland, William 157-8, 161, 163, 177
Bullard, Edward 97
Burnet, Thomas 64

Callendar, Guy 197-8
camada de ozônio 138-9, 140
Cambriano, período 38, 42
Cameron, Alastair 24
Campos Flégreos 106, 107
ciclo do carbono 53-4
Carbonífero, período 42, 142-3, 168
Carson, Rachel 6
Cenozoica, era 186

Chamberlain, Thomas 14, 33
Chamberlin, Rollin T. 92
condritos 20
coacervados 119
carvão, formação do 145-7
Colonna, Fabio 151
Colúmbia (supercontinente) 60, 61
cometas 21
Comissão Internacional de Estratigrafia (ICS) 43
Cook, James 79
Cope, Edward Drinker 178-9
crátons 57-9, 91, 92
Cretáceo, período 42, 43, 160-1
Crick, Francis 185
crosta 58
Crustáceos e outros corpos marinhos encontrados em montanhas, De (Moro) 77
Curie, Marie 35
Cuvier, Georges 41, 154-5, 157-8, 159, 161, 163, 174, 177

Daly, Reginald 23
Darwin, Charles 23, 80, 119, 133, 154, 162, 183-4
Darwin, Erasmus 117, 157-8
Darwin, George 23
datação radioativa 17, 34-8
Davies, Donald 24
deriva continental 91-100, 131-2
Descartes, René 108
descontinuidade de Gutenberg 67
descontinuidade de Lehmann 68
descontinuidade de Mohorovičić 67
desenvolvimento continental 59-62
Devoniano, período 142, 168-9
dinossauros 172, 176-82
DNA 121, 129, 185
dobras em estratos de rocha 86
Dolomieu, Dieudonné-Sylvain-Guy-Tancrède de Galet de 79
Dolomitas 79-81

Ediacarano, período 40-1, 132-3
efeito estufa 40, 197-202
Elsasser, Walter 66

Ensaios do Lago dos Sonhos (Shen Kuo) 149, 150
éons 38-41
erosão 82-4, 114-15
erupção vulcânica minoica 107
estratigrafia 81-2, 152
Estratos da Terra, Dos (Lomonossov) 29
estratovulcões 108
eucariontes 129-31
Evolução da nuvem protoplanetária e a formação da Terra e dos planetas, A (Safronov) 14
Explosão Cambriana 129, 133-5, 175
extinção capitaniana 175
extinções em massa 124-5, 126, 128, 171-6, 177, 179-82, 202

falhas em estratos de rocha 86
Fisher, Osmond 23
Folhelho Burgess 135
formação de estrelas 19
formação do petróleo 146-7
Forster, Georg 80
fósseis 41-2, 76, 77, 121-2, 145-54, 174
Foulke, William 178
Fourier, Joseph 32
Franklin, Rosalind 185

gás, formação de 146-7
genéticas 184-5
Gerkie, Archibald 33
Gerya, Taras 98
Gilbert, William 66
Gondwana 61
Goethe, Johann Wolfgang von 126
Goldblatt, Colin 39
goldenspikes 43
Grande Evento de Oxigenação (GEO) 124-5, 126, 128
Gutenberg, Beno 67

Hadeano, éon 39, 40
Halafta, Josében 28
Haldane, John 120
Halley, Edmund 29, 63-4, 66
Hardcastle, John 199-200, 201

206

ÍNDICE

Harland, Walter Brian 126
Hartmann, William 24
Hayashi, Chushiro 48, 49
Heródoto 147-8, 197
Hess, Harry Hammond 93-4
hidrosfera 69
Hildebrand, Alan 181
História dos animais (Aristóteles) 118
História geral da Natureza e teoria do Céu (Kant) 13-14
History of OceanBasins, The (Hess) 93-4
Hitler, Adolf 65
Holmes, Arthur 37
Hooke, Robert 150, 151
Hoover, Herbert 76
humanos
    evolução dos 190-4
    impacto sobre o mundo natural 194-203
Humboldt, Alexander von 78
Hume, David 85
Hutton, James 27, 62, 82, 84-7, 90, 160, 161-2

Ibn Sena 81, 150
idade da Terra 28-39
intenso bombardeio tardio 39
interior da Terra 63-9
inversões magnéticas 94-5
isótopos radioativos 15-16

Jansen, Olaf 65
Jeans, Janies 15, 23
Jeffreys, Harold 68
Joly, John 31
Júpiter 15
Jurássico, período 43

Kaapvaal (cráton) 59
Kant, Immanuel 13-14
Keeling, David 198
Kelvin, Lorde 32-3, 37, 66, 121
Kenorland 60
Kepler, Johannes 28, 108
Kircher, Athanasius 63, 89, 105-8
Kirschvink, Joe 132
Kober, Leopold 58-9
Koch, Johan 93
Kuiper, Gerard 15

Lacuna de Romer 168, 184
Lamarck, Jean-Baptiste de 119, 155, 158-9, 161
Laplace, Pierre-Simon 14, 18

Lapworth, Charles 42
Leclerc, Georges-Louis 18, 29-30
Lehmann, Inge 68
Lhwyd, Edward 150-1
líquens 139, 141
Lisboa, terremoto de (1755) 90
Lister, Martin 150, 154
litosfera 58, 69
Lomonossov, Mikhail 29
Lovelock, James 189
Lua 22-5, 57
Lucrécio 28
"Lucy", esqueleto 191
Luna 3 (espaçonave) 23
Lyell, Charles 31, 78, 87, 108, 161-4, 174
Lyttelton, Raymond 15

mamíferos 185-7
Mantell, Gideon 177-8
manto 58, 69
Mao, Wendy 22
Margulis, Lynn 129-30
Marsh, Othniel 178
Marzari-Pencati, Giuseppe 78
Matthews, Drummond 94, 95
Mckenzie, Dan 96-7
Mendel, Gregor 184-5
Mercúrio 52
Mesozoica, era 42
meteoritos 20
Meteorologica (Aristóteles) 74, 102
Milanković, Milutin 198
Miller, Stanley 120
Milton, John 9
modelo do disco nebular solar (SNDM) 14-15
modelo de Quioto 17-18
Mohorovičić, Andrija 67
Molina, Mario 140
momento angular 14, 23
Morgan, Thomas Hunt 184
Morgan, W. Jason 97
Moro, Anton 77
Moulton, floresta 14, 23
montanhas 111-15
mudança climática, *ver* gases do efeito estufa
MundusSubterraneus (Kircher) 63
Murchison, Roderick 42

Natureza dos metais, Da (Agrícola) 76
Nena 60
neon 46-7

netunismo 76-8
Newton, Isaac 28
núcleo externo 58, 68, 69
núcleo interno 58, 68, 69

oceanos *ver* água
Oldham, Richard Dixon 67
Oparin, Alexander 119-20
Ordoviciano, período 42
Origem das espécies, A (Darwin) 133, 162, 183
Origem dos continentes e oceanos, A (Wegener) 92
Oro, Juan 121
Ortelius, Abraham 91
"OurEver-Changing Shore" (Carson) 6
Owen, Richard 177

Palissy, Bernard 150, 152
Pangeia 60, 61, 171, 185-6
Panótia 60
Paricutín, vulcão 109
Paraíso perdido, O (Milton) 9
Patterson, Clair Cameron 38
períodos 41-3
Permiano, período 42, 43, 171-2
Perry, John 33-4
Phillips, John 42, 174
fotossíntese 123-4
Pichon, Xavier le 97
Pilbara (cráton) 59
placa do Pacífico 99
planetas
    atmosfera dos 52-3
    composição dos 18-19
    e os isótopos radioativos 15-16
    formação dos 16-18, 19
    teoria nebular 12-16
Platão 74
Playfair, John 71
Plínio, o Jovem 105
Plot, Robert 176-7
plutonismo 76-8
Princípios de Geologia (Lyell) 162, 163
Proterozoico, éon 40-1
Provas geológicas da antiguidade do Homem (Lyell) 163

Quaternário, período 41

Rampino, Michael R. 193
Ramsay, Andrew 33
Ramezani, Jahandar 172
Raup, David 175

ÍNDICE

Ray, John 151, 153
recifes 79-81
Redi, Francesco 119
Reid, Harry Fielding 102
répteis 169-71
Richardson, Benjamin 42, 153
rios 144
RNA121, 129
rocha
    datação pelos fósseis 153-4
    desenvolvimento de 56-9
    erosão 82-4
    estudo inicial de 74-7
    mudanças da 84-7
    origem de 76-82
    tipos de 72-3
    usos de 73-4
rocha ígnea 72-3
rocha metamórfica 72-3
rocha sedimentar 72-3, 77, 78-9
Rodínia 60, 61, 62, 131
Roland, Sherwood 140
Romer, Alfred 168
Ruskol, Evgenia 14
Russell, Henry Norris 15
Rutherford, Ernest 35

Safronov, Viktor 14, 15, 16-17
Salter, J. W. 133
Sandys, George 45
Sedgwick, Adam 42
Self, Stephen 193
Semper, Carl 80
Sepkoski, Jack 175
Seuss, Eduard 91
Shen Kuo 81, 148, 149, 150
Siluriano, período 42
sismoscópio 102, 103
sistema solar
    composição de objetos no 19-20
    e isótopos radioativos 15-16
    eprotogêmeo do Sol 15
    formação do 12-16, 18
    formação planetária 16-18
    momento angular 14
Smith, Adam 85
Smith, Felisa 193
Smith, William 41, 42, 148, 153-4, 156, 161
Sobre a mineração (Teofrasto) 74
Sobre as pedras (Teofrasto) 74-5
Soddy, Frederick 35
Sol
    e isótopos radioativos 15-16
    e protogêmeo 15
    momento angular 14

teoria nebular 12-16
solo 139
Steno, Nicolas 28-9, 81, 150, 151, 152-3
Stille, Hans 58-9
superposição 42
Swedenborg, Emanuel 12-13
Symmes Jr., John Cleves 65

Tambora, vulcão 110-11, 112
Teed, Cyrus Reed 65-6
Templo da Natureza, O (Darwin) 117
tempo geológico 38-43
teoria nebular 12-16
teoria da tectônica de placas 97-100, 111-13, 131-2
Teoria sagrada da Terra (Burnet) 64
teorias da evolução 154-65, 183-4
Terra
    água na 54-6
    atmosfera da 46-53
    camadas da 20-2, 58, 63-9
    composição química da 20
    condições no início da 22
    desenvolvimento continental 59-62
    e a formação da Lua 22-5
    história da 24
    horas 7
    idade da 28-39
    interior da 63-9
    mudanças contínuas da 204-5
    rochas 56-9, 71-87
    tempo geológico 38-43
Terra Bola de Neve 125-8, 131, 132
terremoto de Lisboa (1755) 90
terremotos 90, 100-3, 104
Teofrasto 74-5, 76-7
Theia 24
Throop, Henry 13
Townsend, Joseph 42, 153
Trappssiberianos 172, 173
Tuzo-Wilson, John 95-6

uniformitarismo 87, 90, 162
Ur 59-60
Urey, Harold 37, 120
Ussher, James 28

Vaalbara 59, 60
velocidade de escape 49
Vênus 52-3
Vesta (asteroide) 55
Vesúvio, monte 105, 106

vida
    anfíbios 168-9
    dinossauros 172, 176-80
    e a camada de ozônio 138-9
    e a Explosão Cambriana 129, 133-5
    e a fotossíntese 123-4
    e a tectônica de placas 131-2
    e a Terra Bola de Neve 125-8, 131, 132
    e eucariontes 129-31
    e o solo 139
    e os fósseis 145-54
    em terra 138-9, 141-65
    evolução da 154-65, 183-4
    extinções em massa 124-5, 126, 128, 171-6, 177, 179-82, 202
    Folhelho Burgess 135
    genética 184-5
    mamíferos 185-7
    multicelular 128-9
    não-microscópica 132-3
    nos anos do "boringbillion" 129
    origem da 118-23
    répteis 169-71
    vida animal 142-3
    vida vegetal 141-2
vida animal 142-3
vida vegetal 141-2
Vinci, Leonardo da 28, 81, 148
Vine, Frederick 94, 95
Virgílio 103-4
vulcões 103, 105-12, 113
vulcões compostos 108
vulcões em escudo 108-9

Walcott, David 135
Walcott, Helena 135
Wallace, Alfred 183
Watson, James 185
Wegener, Alfred 61, 91-3
Werner, Abraham Gottlob 77
Wetherill, George 17
Whewell, William 162
Wiechert, Emil 67
Wignall, Paul 177
Woese, Carl 122-3

Xenófanes de Cólofon 147

Yugan, Jin 175

Zahnle, Kevin 49
Zhang Heng 102, 103
Zoonomia ou as leis da vida orgânica (Darwin) 159